スパイスの基本から
秘伝のカレーレシピまで

スパイスの世界へようこそ！

スパイスハンター
シャンカール・ノグチ

河出書房新社

はじめに

スパイスは香りを料理に与えてくれる。それだけで、とてもスペシャルなことではないでしょうか。

スパイスの香りは、表面的なおいしさの奥にある世界へと、僕たちを誘ってくれます。僕は、そんなスペシャルな存在であるスパイスをはじめとした、インド食材の輸入卸の仕事を生業としています。扱うスパイスの状態を確認するために、自分の体で実際に見て、嗅いで、味わってみるのは当然のこと。ほかにも、スパイスの新たな調合やインド料理のレシピ開発は日常的に行っていますし、日本各地で行われるカレーイベントへも講師として呼んでいただくなど、常にスパイスに囲まれた日々を過ごしています。

そんな僕が送るスパイス生活のエッセンスが、この本には詰め込まれています。

そうした仕事をしている者にとっては、スパイスは野菜と同じような日常的な存在であり、またその素性についても知っていて当たり前です。しかし、スーパーマーケットで小さな瓶に入って販売されているものでしかスパイスを知らない方にとってはどうでしょう。加工された状態になっていることが多いので、本来の姿がどういうものなのか、わからない人も多いはずです。

この本は、手に取ったスパイスが元々はどのようなものなのか簡単に理解でき、さらに深く知っていくための手がかりとなるように構成しています。そして、スパイスを知るにはやっぱり実際に調理をしていただくのが一番ですから、より実践的なスパイスの調合や東西南北・インド各地の料理レシピについても解説しています。あなたも、もっともっとスパイスを取り入れて〝スパイス生活〟を充実させてください。

インド料理のシェフも、スパイスの使い方は実際に調理しながら覚えていくものです。調理の前には、まずスパイスの香りを嗅ぎ、どのようなスパイス料理ができるのかイメージすることも大切です。スパイスカレーを作りたい！　スパイスがどういうものか知りたい！　そう思ったとき、いつでもこの本を開いてください。難しく考えるよりも、まずは気軽に試してみること。そのためのヒントも詰め込みました。

スパイスは楽しい。そして、料理は楽しい。スパイスは、料理の幅を広げてくれる友達なのです。

シャンカール・ノグチ

CONTENTS

CHAPTER 3

スパイス図鑑

CHAPTER 4

スパイス混ぜワザ合わせワザ

［基本編］ミックススパイスの調合

［応用編］ミックススパイス×BBQ

CHAPTER 5
ノグチ家のスパイス料理レシピ

CHAPTER 1

ノグチ家のスパイスライフ

読めばもれなく、楽しいスパイスライフを送れるようになる。もっと気軽にスパイスを使いこなせるようになる。この『スパイスの世界へようこそ！』は、そんな本を目指して作りました。では、著者のシャンカール・ノグチとは一体何者なのか？　ご存じでない方もいらっしゃるでしょう。そこで、スムーズにこの本を読み進めていただくために、まずは、私のルーツと私自身が送るスパイスライフの一端を紹介させていただきます。

上：1977年ごろの家族写真。右から姉、シャンカールこと僕、祖父、祖母、母、叔母（母の妹）。下：増上寺で行われた、祖父と祖母の結婚式の写真。時は1942年、戦争中の国際結婚であったことから風当たりも強かったなか、愛を貫いたふたりの晴れ姿。

祖父はインドの革命家 祖母は日本のインド料理名人

東京スパイス番長などのユニットでも活動するシャンカール・ノグチ。スパイスのオーソリティとして各メディアなどでも活躍する彼が、みずからのルーツについて語ります。

スパイス貿易商の3代目 まずは僕のルーツについて

はじめまして、かな？　私、シャンカール・ノグチと申します。東京スパイス番長のリーダーなどの顔もありますが、本業はスパイスや食品の輸入を手がける「インドアメリカン貿易商会」の代表です。「シャンカール」はヒンズー教の神様の名前。子どものときから家では祖父が付けてくれたこの名で呼ばれています。

その祖父、L.R.ミグラニが来日したのは1941年のこと。特派員としてNHKや共同通信などで仕事をするなかで、インドやアジアの独立運動家として、「中村屋のボース」として知られる革命家ラス・ビハリ・ボース氏のもとでも活動していました。記者として東京裁判も傍聴していたようです。

インドの独立運動家と日本の看護婦が出会って……

そんな祖父は、友人の見舞いに行った先の病院で山形出身の日本人看護婦、藤田清と知り合い結婚しました。それが僕のお婆ちゃん。インド料理なんてなじみがなかっただろうに、お爺ちゃんに教えられたというインド料理は本格的でとてもおいしかったことを覚えています。そんなこんなで、1947年のインド独立後に、祖父が人脈を生かして始めたのが「インドアメリカン貿易商会」。そして、僕はその3代目というわけ。えっ？「ここまでの話にアメリカなんて出てきてない」だって？　そのとおり。何の関係もないけど、当時はアメリカがもてはやされていて、なんか語呂がよかったから付けた。そんな理由みたいです（笑）。

左上：当時の自宅にて、インド人女性とともに台所に立つ祖母（左）。左下：インドの革命に関わっていた仲間との集合写真と、祖父の形見の品となった愛用のタイプライター。右：笑顔で写真に収まった祖父。しかし、ふだんは本当に厳格な人で、僕も特に英語については厳しく仕込まれました。

僕が受け継いだスパイス

3代にわたる付き合いで築いたインドの生産者との信頼関係

インドアメリカン貿易商会はスパイス・食材の輸入を行っており「スピンフーズ」のブランドで直接販売もしています。スパイスの生産・調合はインドで行っており、現地の方々との関係は祖父の代から3代にわたるもの。家族ぐるみどころか〝家系ぐるみ〟の付き合いですから、その信頼関係は何より得難い財産となっています。

おかげさまで得意先には専門店も多く、なかにはカレーの中村屋さんのように、やはり祖父の代からお付き合いいただいているお店も少なくありません。そうした方々からお聞きする話を参考に、祖父が築き上げた信頼を保ち、変わらない、変えないというのが、3代目である僕の姿勢です。

各種スパイスをはじめ、ピクルスやマンゴーの缶詰なども取り扱っているインドアメリカン貿易商会。社長として生産施設の視察や、現地のスパイス使いの勉強のため年に数回、インドを訪れています。オフィスの戸棚の扉を開けると、中はインドの小物やさまざまなスパイスでいっぱいです。

ライフとビジネス

スパイスを中心とした
貿易商の３代目として生きてきて、
これまでに感じたこと。思ったこと。

貴重な出会いを僕にくれたスパイスとの関わり

スパイスに関わる仕事をしてきたおかげで、東京カリ〜番長や東京スパイス番長の仲間たちをはじめ、多くの人たちと知り合うことができました。最近ではオージーラムPR大使「ラムバサダー」に任命していただいています。

結局のところ、祖父から受け継いだものはスパイス貿易という事業にとどまりません。実際にはスパイスを通じた人との出会い、交友の輪という可能性を受け継いだのだと考えます。そう、みなさんにもっとスパイスのよさ、楽しさを知ってもらいたいという使命感も、僕は受け継いでいるのです。……なんて、あらためていうと照れますけど、これ本気です！

かつてのノグチ家の食卓を再現。チャパティ、チキンカレー、らっきょうのアチャール、ジャガイモとキャベツのサブジが並びます（P.92 〜 95にレシピを掲載）。

ノグチ家の食卓を飾るスパイス料理

当たり前のようにスパイスの効いたインド料理が並ぶテーブル。
一般的な日本の家庭とちょっと異なる、ノグチ家の食卓事情について。

毎朝の食卓に並んでいたチャパティとインドカレー

祖父が存命だったころ、食卓には一般的な日本の朝ごはんに白飯と味噌汁が並ぶように、チャパティ（全粒粉を使った素朴なパン）とインドカレーが当たり前のように並んでいました。もっともそこには、日本料理も交ざっていましたけどね。それでも、チャパティとインドカレーは誇張でなく文字どおり毎日出ていました。白飯を食べても、仕上げはあくまでもチャパティ。祖父が無理にでも食べさせてくるんです。ごはん食べないと大きくなれないぞ、みたいな感じで「チャパティ食べないと大きくなれないぞ！」って（笑）。

スパイシー＆リッチ北インド流・ノグチ家の味

料理は祖母が作っていましたが、味を決めていたのは祖父でした。北インド・パンジャブ州生まれの祖父ですから、スパイスはもちろん、乳製品やナッツ、油脂を多く使う濃厚な味つけが特徴の、同州由来のインド料理が多かったですね。それがずっと当たり前だったので、よその家庭のごはん、特に「カレーが違う」と気づいたのは小学校の給食が始まってからでした。なお、インド料理には日本料理のような「ダシ」の考え方はなく、たとえば北インドでは「ギー」という精製度の高いバターで味に深みやコクを出すことが多いです。そして、代が変わり料理担当が母になって洋食が増えても、ハンバーグなどはトマトとバターの風味を効かせたバターチキンカレーを彷彿とさせるパンジャブな味わいでしたね。

ノグチ家のスパイス生活は家族全員で楽しむスタイル

僕の好きな食べものは、唐揚げとワンタンメン、そしてもちろんカレー（特にチキンカレー）です。カレーは食べるだけでなく、作ったものを人に食べてもらうのも好き。東京カリ～番長の伊東盛、SHINGO、水野仁輔と知り合ったのも、20代のころにハウスパーティーでカレーを振る舞っていたのがきっかけですね。家庭でもインドから新しいミックススパイス、カレーパウダーのサンプルが届くたびにカレー作りに勤しむ日々。「チリが効きすぎだな」と思えば、和らげる方法を家族みんなで考えるなど、スパイス生活を楽しんでいます。

ノグチ家の
キッチンの調理器具

祖父から続くインドの味を守る、ノグチ家のキッチン。
そこに並ぶ調理器具の一部を紹介します。

1

2
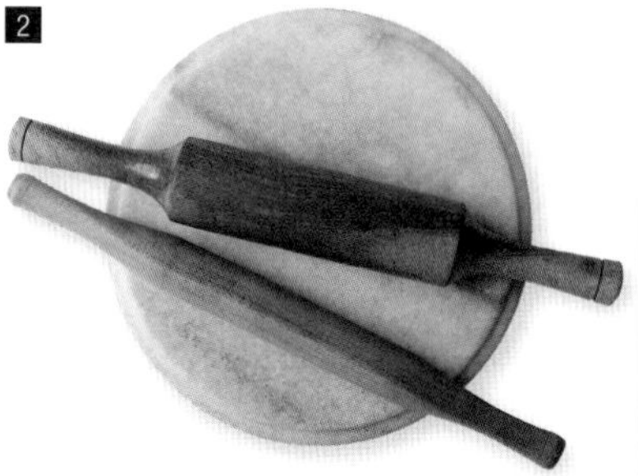

3

4

5

6

7

1両手鍋：使い込んだアルミ製。ごはんを炊くときに使用している。2のし棒＆台：チャパティ作りに使用。3スパイスクラッシャー：重くて頑丈な真鍮製で、簡単にスパイスを砕くことができる。4電動ミル：スパイスやナッツをパウダー状に仕上げる。5石のすり鉢：ジェイミー・オリバーのブランドで、ハーブやヨーグルトそしてスパイスを合わせてペーストを作るのに最適。6計量スプーン：スパイスの調合に活躍。重さまで測れるものも。7タルカパン：テンパリングに使用。8スパイスボックス：常備スパイス入れに重宝。9お盆：鎌倉にあった紅茶専門店、ミミロータスの吉池浩美さんからのプレゼント。ゲストにマンゴージュースを出すときの必需品。

8

9

CHAPTER 2

スパイスライフのABC

スパイスの使い方を覚えるには、とにかく実践あるのみ。実際に自分の鼻で嗅ぎ、舌で確かめ、体に覚えさせていくのが一番です。しかし、基礎的な知識を身につけておくことも決して無駄にはなりません。とりわけ、その分類や香りのしくみについて知ることは、実際に使いこなしていくための土台づくりとして必要な作業といえます。この章では、スパイスを実生活で楽しむためのさまざまな基本事項について、解説していきます。

地図とデータと年表で見る

スパイスの地理と歴史と経済を、ひと目でわかるようにまとめました。さあ、ここからスパイスワールドへの旅が始まります！

スパイスの原産地

A	ペパーミント、ローリエ、キャラウェイ
B	マスタード
C	コリアンダー、パクチー、フェンネル アニス、ペパーミント、サフラン
D	フェヌグリーク、アニス、ローリエ、キャラウェイ、 ディル、ヒング
E	アジョワン、ヒング
F	クミン
G	フェヌグリーク
H	タマリンド
I	アジョワン
J	ディル
K	ニンニク
L	ターメリック、グリーンカルダモン、マスタード、 フェヌグリーク、カレーリーフ、ショウガ
M	ブラックカルダモン、ペッパー、アジョワン
N	シナモン、ブラックカルダモン
O	カシア
P	ショウガ
Q	クローブ
R	クローブ、ナツメグ、メース
S	チリ、パプリカ

ようこそ！ 楽しくおいしいスパイスの世界へ

スパイスの原産地を世界地図で確認してみると、インドや東南アジアをはじめとして、やはり熱帯や温帯の地域が多いですね。アジアや中南米のほか、ヨーロッパやアフリカ原産のものも少なくありません。かのコロンブスが危険を冒してまで航海に出た理由のひとつには、スパイス探しがありました。かつてスパイスが非常に高価で取引されたのは、歴史の授業でも習ったとおりです。

今日、日本に輸入されるスパイスの量を見ると、1位のショウガが2位以下を大きく引き離しています。インド料理に限らず、和食や中華料理などでも使用されるので需要が多いためかもしれませんが、ここまで大差がつくとは意外です。ただ、重量の数値によるデータなので、水分を含むフレッシュなショウガは乾燥させたスパイスに比べると重いという事情もあるのかもしれません。

ここを入り口にして、18ページからスパイスについて基本的なことを紹介していきます。

スパイスの世界

スパイスの年間輸入量

ショウガ	65,137,863
オールスパイス／唐辛子	13,749,858
コショウ	9,130,902
ターメリック	4,211,655
コリアンダー	3,846,441
その他（タイム、ローリエほか）	2,752,493
クミン	2,726,841
シナモン	2,197,500
アニス、キャラウェイ、フェンネル	741,706
ナツメグ	517,181
カルダモン	382,845
クローブ	354,415
2種以上のミックス	282,171
カレーパウダー	103,069
バニラ	70,405
メース	57,614
サフラン	1,853

（単位：kg）

※2017・2018・2019年の平均値　出典：香辛料通関輸入統計実績表
（財務省、輸入統計資料 全日本スパイス協会作成）

スパイスの歴史

	スパイスの世界史	スパイスの日本史
古代	・エジプトで、ピラミッド建築の労働者に活力源としてニンニクを支給。ミイラに防腐剤としてシナモンやクローブを使用。 ・中国で、宮廷官吏の口臭防止にクローブを使用。 ・古代ローマの剣闘士たちは、試合前にフェンネルを強壮剤にした。	・8〜10世紀、『古事記』などに山椒、ショウガ、ニンニク、ゴマ、ワサビなどが記載。 ・8世紀、東大寺正倉院の御物にコショウ、クローブ、シナモンが登場。 ・11世紀、『源氏物語』にニンニクが登場。
中世	・シルクロードが発達。東西交易が盛んに。 ・マルコ・ポーロ『東方見聞録』に、中国やモルッカ諸島（インドネシア）のスパイスに関する記述。	・琉球王国にターメリック（ウッチン）が伝わり、王朝の専売品に。室町時代から全国に広まった。その後、江戸幕府が栽培を奨励して庶民に広まった。 ・室町時代に、インドからポピーシード（けしの実）が津軽地方に伝えられ栽培された。
近世	・コロンブス、1492年に新大陸に到達。翌年、唐辛子（チリ）をスペインへ持ち帰る。 ・バスコ・ダ・ガマ、1498年に喜望峰を回ってインド西海岸に到達。スパイスを安価に入手する道を拓く。 ・マゼラン一行、1520年に香料諸島（モルッカ諸島）へ到達。 ・貿易航路が開拓されたことで、スパイス産地を争奪する戦争が繰り広げられた。	・16世紀、ポルトガル船の漂着により唐辛子（チリ）やナツメグが伝来。 ・江戸時代、スウィートバジルが日本に伝来。当時は薬用植物として利用されていた。 ・17世紀の鎖国時代、オランダ人やポルトガル人により洋風料理と西洋のスパイスが伝来。
近現代	・18世紀末、イギリスのクロス・アンド・ブラックウェル（C&B）社が、世界で初めてカレー粉を商品化。	・1867年、明治政府のころにカレーが日本に伝わる。 ・1923年、カレー粉の国産化に成功。

参考：ロマンあふれるスパイス＆ハーブの歴史（エスピー食品HP）

スパイスって何！？

スパイスを自由に楽しく使いこなすため、最も基本的なことについて、まず知っておきましょう。スパイスとは、いったい何でしょう？

あれも、これも、それも……実は、広いスパイスの定義

　そもそも、スパイスとは何でしょうか？みなさんが真っ先に思い浮かべるのは、コショウやレッドチリ、あるいはシナモンあたりかもしれません。一般的な定義では「調味料になる植物」を指しますが、さらに乾燥していて、刺激的な香りや薬効があり、横文字の名前が付いている……。そんなイメージもあるでしょう。でも、実のところスパイスはそうしたものに限りません。たとえば、うなぎの蒲焼には山椒がつきものですがあれもスパイスですし、刺し身や蕎麦に欠かせない生ワサビもスパイスと呼べるものなのです。植物由来であり、それぞれの特徴を生かした香りづけ、色づけ、あるいは他の食材の臭み消しなどに使われるもの……。それぐらい広範囲なものと思っておいたほうがよさそうですね。

スパイスの定義

どれとどれがスパイス？

身近にある調味料などの中には、スパイスといえるもの、いえそうにないもの、
まぎらわしいものが混在していますが、
思ったより多くのものがスパイスとして使われているようです。

ガラムマサラ
七味唐辛子
カレーパウダー
おろししょうが
粒マスタード
コショウ
Which is spice?
レッドチリ
パクチー
シナモン
ペパーミント
ディル
生ワサビ
山椒

「スパイスとは何か？」は文化や人によっても異なる

生ワサビもスパイスに含まれるというのは、スパイス＝乾燥品のイメージをもっている方には意外だったかもしれませんね。生の状態で使うスパイスはほかにもいろいろあり、パクチーやディル（リーフ）なども、生の葉を風味づけに使うスパイスといえます。「ハーブじゃないの？」という声も聞こえてきそうですが、それも正解です。といわれると、ちょっと混乱してきますよね。実は何をもってスパイスとするか、その条件には一概にはいいきれない部分があるんです。文化によって、あるいは人によってもスパイスの定義は異なるので、その決まりについては、一旦置いておきましょう。ひとまず植物由来で「料理をおいしく、楽しくしてくれるもの」っていうことでいいんじゃないかなと、僕は考えています。

スパイスを分類してみる

スパイスは、いくつかの方法によって分類できます。部位、科名、形態、役割という4種類の分類によって、スパイスの全体像を見渡してみましょう。

同一の植物でも香りが異なる？

部位で分類すると

植物の種や実、葉だけではなく、樹皮や樹液までもが、スパイスとして利用されています。

種

コリアンダー、カルダモン、マスタード、クミン、フェンネル、アジョワン、アニスなど

根

ターメリック、ニンニク、ショウガ、ワサビ、甘草など ※地下茎（根茎や鱗茎など）を含む

葉

パクチー、ローリエ、シナモンリーフ、カレーリーフ、カスリメティ、バジル、タイムなど

実

ペッパー、レッドチリ、パプリカ、オレンジピール、山椒、花椒など ※果皮を含む

その他

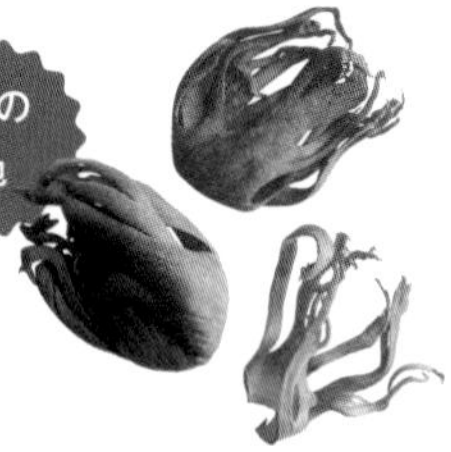

クローブ（花蕾）、シナモン（樹皮）、サフラン（めしべ）、メース（仮種皮）、ヒング（樹液）など

同じ植物でも部位が違うと別のスパイスになることも

スパイスとは何かについては、一概にいいきれないという話をしましたが、それでも、基本的に「植物から作られたもの」ということはできます。主なスパイスについて、植物のどの部位を使うかによって分類してみると、上のようになります。

パクチーやバジルなどは一般にハーブとして知られていますが、「葉を使ったスパイス」という解釈もできます。また、同一の植物であっても、種がコリアンダー（シード）で葉はパクチー（香菜、コリアンダーリーフ）といった具合に、部位によって別のスパイスのように扱われたり、その香りも異なったりしているのがおもしろいですね。フェヌグリーク（シード）とカスリメティ、メースとナツメグなども同じ植物の別の部位です。

あのスパイスとこのスパイスは同じ仲間？

科名で分類すると

同じ科の植物からできるスパイスは、やはり香りも近い印象。配合を考えるときのヒントにもなります。

セリ科	コリアンダー、クミン、フェンネル、ディル、アニス、アジョワンなど	種子を使うスパイスで、その香りは強くほろ苦いものが多い。中には清涼感を強く感じるものもある。
シソ科	マジョラム、オレガノ、タイム、セージ、ペパーミント、バジルなど	フレッシュハーブ、ドライハーブのどちらとしても使用されるスパイス。ほろ苦さを含む清涼感、やわらかい刺激と甘い香りがある。
ショウガ科	ターメリック、ショウガ、カルダモンなど	爽やかな香り、苦味を含んだ舌に刺さる刺激的な味がある。ターメリックはカレーのベーススパイス。
ナス科	レッドチリ、グリーンチリ、パプリカなど	全体的にピーマン臭をもち、また弱いものから強いものまで幅広いさまざまな辛味がある。パプリカは、辛みをもたずふくよかで甘い香りがする。
マメ科	フェヌグリーク、カスリメティ、タマリンドなど	ほのかな苦味と甘味が混在する。タマリンドは風味豊かな酸味を、カスリメティはメープルシロップのような甘味をもっている。
ミカン科	カレーリーフ、山椒、花椒など	柑橘系の爽やかな香り。ほのかな苦味を感じさせる。
ユリ科	ニンニク、玉ねぎ、ニラ、チャイブなど	ほのかな苦味を含む強烈な香り。甘味、苦味、辛味とさまざま。ニンニク、玉ねぎはスパイスカレー作りの必需品。
その他	ペッパー（コショウ科）、ナツメグ（ニクズク科）、クローブ（フトモモ科）、マスタード（アブラナ科）など	

同じ科のものを比較して覚えると早い？

こちらの表は、主なスパイスを、植物分類学上の科名によって分けたものです。パッと見ではセリ科やシソ科に属するスパイスが多い印象ですが、「その他」の項目には、ここに書ききれないたくさんのスパイスが含まれています。

同じ科に属するスパイスであれば香りも近く、実際に手に取らずともだいたいの想像がつくようになるので、この分類を覚えておいて損はありません。場合によっては別のスパイスで代用ができることもありますしね。視点を変えれば、スパイスに詳しくなりたいなら同じ科のものをそろえながら、微妙な違いを知っていくのが効率的ともいえます。第3章のスパイス図鑑にも科名を記載していますので、参考にしてみてください。

パウダー以外にもスパイスはある

形態で分類すると

ドライか、フレッシュか。ホールか、パウダーか。
スパイスにはさまざまな形態のものがあります。

スパイス

ドライ

乾燥させて水分を抜いた
状態のスパイス。

ホール

粒などの原形を残したまま
乾燥させたスパイス。

パウダー

ドライのホールをひいて
粉末状にしたスパイス。

フレッシュ

生の状態の葉や実などを
使うスパイス。

ホール

葉などの原形を残したまま
使うスパイス。

ペースト

フレッシュのホールを
すりつぶすなどしたスパイス。

- **ニンニクのすりおろし**
- **バジルペースト など**

スパイスの形態の特徴を生かした使い方を

スパイスの形態は大きく「ドライ」＝乾燥と、「フレッシュ」＝生のふたつに分けられます。フレッシュスパイスは本来の鮮烈な香りが楽しめる代わりに、日持ちしません。そのため、保存性を高めたドライの形態で流通することが多いのです。

さらに、形状をそのまま保ったものは「ホール」スパイス、粉にしたものは「パウダー」スパイスと呼ばれます（種子を乾燥させただけのものを「シード」と区分することも）。ホールは香りが強いものの、その香りを引き出すには少々手間と時間がかかるもの。代わりに、パウダーはそのまま使えて手軽ですが、ホールに比べ風味は落ちますし保存中も香りが逃げやすいという難点があります。それぞれの特徴を生かして、適切に使い分けましょう。

辛味をつけるだけがスパイスではない

役割で分類すると

スパイスには、大きく分けて４つの働き・役割があります。
分類すると下記のようになります。

香りをつける	料理に香りをつけて風味をよくし、食欲をそそる。多くのスパイスは、香りをつける目的で使われる。	シナモン、コリアンダー、カルダモン、レッドチリ、ローリエ、セージなど
色をつける	料理は見た目においしそうであることも重要であり、スパイスは赤や黄色などの色を料理につける目的でも使われる。	レッドチリ、パプリカ、ターメリック、サフランなど
辛味をつける	日本では「スパイス＝辛い」というイメージをもたれているが、辛味づけに使われるスパイスは、実はごく一部である。	ペッパー、レッドチリ、グリーンチリ、マスタード、ショウガなど
消臭・防腐	肉や魚など食材の臭みを消す目的や、あるいは食材の防腐剤・保存剤としても、スパイスは使われている。	カルダモン、ペッパー、クローブ、フェンネル、シナモン、ターメリック、ニンニク、ショウガなど

スパイスのもつ働き・役割を知っておこう

スパイスを使いこなすための知識として、ぜひ理解しておきたいのが、スパイスのもつ働き・役割による分類です。ひとつのスパイスが複数の働きをもつ場合も少なくありません。

たとえば、レッドチリ（パウダー）が赤い色をつける働き、辛味をつける働き、香りをつける働きをするのに対し、同じチリの仲間のパプリカには辛味づけの働きがありません。そのため、料理に赤い色をプラスしたいが辛くはしたくないという場合に、用いるといいでしょう。そのほか、スパイスには消臭・防腐、薬効、減塩、味の引き締めといった働きがあります。

スパイスを適切に選び、料理に生かすためには、それぞれのスパイスがもつこのような働き・役割を把握することが大切です。

スパイスの香り・辛味のしくみ

スパイスの香りや辛味のもとって何？ スパイスの成分について知っておきましょう。

スパイスはなぜ香る？

香りのもととは

スパイスに含まれるエッセンシャルオイルが抽出されると、
香りが解き放たれます。

クローブの成分

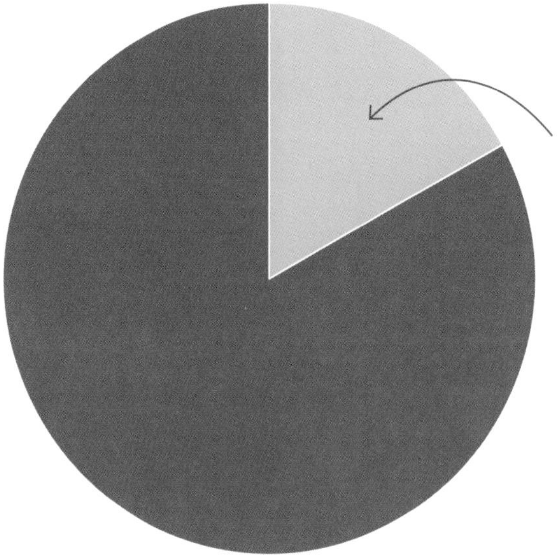

約17%
精油（揮発油）

香りのもとは、揮発性の精油（エッセンシャルオイル）。スパイスの中で特に精油成分が多いとされるクローブでも、約17%しか含まれていません。

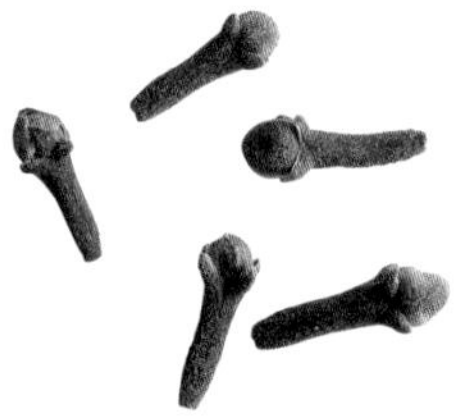

スパイスの精油は水に溶けにくく油に溶けやすい

スパイスの香りのもとは、揮発性の精油（エッセンシャルオイル）です。精油は水に溶けにくく油には溶けやすいため、ホールスパイスを使うときは、油で炒めることによって精油の香りを油に移します。また、スパイスをひいたり砕いたりすりおろしたりすることでも精油が空気と接触し、香りが立ちます。乾煎りして香りを引き出す方法もあります。

精油は時間とともに揮発し、空気中に香りが逃げてしまいます。パウダースパイスよりもホールのほうが保存に向くというのは、パウダースパイスは空気と接触する面積が大きく、精油が飛びやすいためです。あるいは、酸化によって成分が変質してしまうことも。スパイスは、消費期限内に使い切るようにしたいものです。

とは？

ホット？　シャープ？

辛味の種類と成分

スパイスの辛さの種類はひとつではありません。
大きくふたつの方向性があることを知っておきましょう。

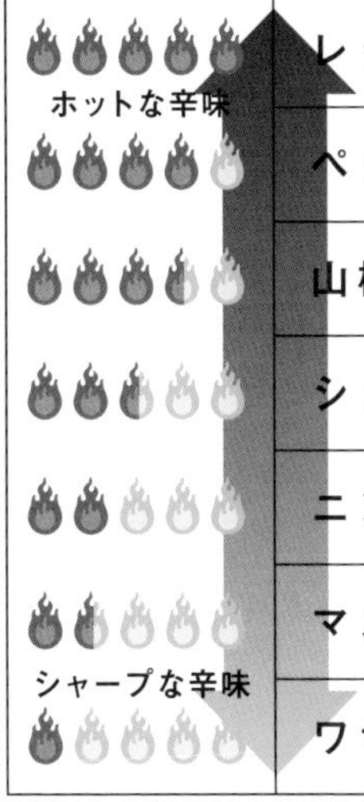

辛味のタイプ	スパイス	主な辛味成分
ホットな辛味	レッドチリ	カプサイシン
	ペッパー	ピペリン
	山椒	サンショオール
	ショウガ	ショウガオール
	ニンニク	ジアリルジスルフィド
	マスタード	パラハイドロオキシベンジルイソチオシアネート
シャープな辛味	ワサビ	アリルイソチオシアネート

ホットか？　シャープか？　辛味にはふたつの方向性がある

ひと口に「辛味」といっても、その印象はスパイスによってさまざまです。大きく分けると、レッドチリに代表されるホットな辛味と、ワサビに代表されるシャープな辛味という、ふたつの方向性があります。その方向を決定づけるのは、スパイスに含まれている辛味成分の違いです。

ホットな辛さは舌で感じる刺激。加熱しても辛味が失われにくいため調理の前半から使い、辛味とともに香りを引き出す使い方をします。シャープな辛さは鼻で感じる刺激で、加熱で失われる性質があります。それでもショウガ、ニンニク、マスタードなどのシャープ系スパイスを調理前半〜中盤で加熱するのは、辛味以外の魅力を重視しているため。たとえばマスタードでは、ナッツ系のコクを生かすためです。

スパイスがキッチンにやって

料理を楽しく、おいしくしてくれるスパイスはキッチンにやってくるまでに、どんな工程を経ているのでしょうか？
主にターメリックを例に、栽培からの様子を順に見ていきましょう。

1 栽培

品質のよいスパイスを作るには、それに適した気候・土壌が必要です。そのため、ひとつの地域でまとまって同じスパイスが作られることが多いもの。写真は、インド東部・オリッサ州の有機ターメリック畑です。オーガニックのターメリックはふんわりとした甘い香りをもち、重宝されています。

2 収穫

インドの農業でも機械化は進んでおり、畑を耕す際にはトラクターなどが用いられています。しかし、スパイスは繊細な扱いが必要であることから、収穫についてはまだまだ手作業に頼る部分も多く残っています。写真は、女性が手作業でターメリックの収穫を行っている様子です。

3 選別～乾燥

収穫されたスパイスは、人の目と手によって異物の除去や選別が行われ、さらに天日で乾燥させる作業が行われます。なお、ターメリックの場合は選別前の水洗いと乾燥前の加熱も大切な作業。濁りのないきれいな黄色を引き出すにはこの作業が欠かせません（現地では生の状態で流通することも多くあります）。

くるまで

4. 粉砕

乾燥したスパイスはホールの状態で、パッケージングされて流通します。また、パウダーにするには、さらに機械によって粉砕する工程があります。香りを逃さないためには、この粉砕から次の充塡までを極力短時間で済ませることが大事。そのため、大手スパイスメーカーは現地に自社工場をもっています。

5. 充塡

粉砕されたスパイスは直ちに、パックや缶、瓶などに充塡・密封されます。機械化も進んでいますが、工場の規模によってはいまだに手詰めの場合も多くあります。かつて現地では、ビニールパックや錆びやすい缶の容器が使われていましたが、最近では、品質が向上してデザイン性の高いものも増えてきています。

6. 出荷

充塡されたスパイスは、流通に乗りそれぞれの輸出先へ運ばれ、ようやく僕たちのキッチンにやってきます。なお、スパイスの消費が多い現地ではすぐに使い切ってしまうため、パウダーのものでも粉砕後に充塡・密封せずに写真のように量り売りされていることがほとんどです。

スパイスの使い方

ここまで紹介してきた知識を踏まえつつ、スパイスの基本的な使い方を紹介します。

より豊かな香りを楽しもう

香りを引き出すための準備

スパイスを使う前にちょっとひと手間をかけると、その香りはグンと豊かなものになります。

ひく

コーヒーを淹れるときに豆をひくように、その都度、ミルなどでホールスパイスをひいて粉末にすれば、豊かな香りを最大限に引き出すことができます。あらかじめひいて粉末にしてあるのが、市販のパウダースパイスです。

砕く

スパイスクラッシャーなどでホールスパイスを砕けば、パウダーよりも粗いクラッシュの状態に。ひとつひとつが大きいので食べる際、歯でも噛み「砕く」ことになり、その瞬間「砕きたて」の鮮烈な風味が口に広がります。

煎る

スパイスを乾煎りすると、より豊かな香りが引き出せ、香ばしさも加わります。フライパンにスパイスを入れ、弱〜中火で焦がさないようにゆすりながら焙煎。1分ほどで火を止め、スパイスを器に移して粗熱をとります。

スパイスの香りをより豊かに引き出すために

先のページで、スパイスの香りは精油というオイル成分の働きによるものであること、精油が揮発して初めて香りが立ってくることを説明しました。つまり、スパイスの香りを引き出すには、この精油を適切に揮発させる使い方が効果的なのです。

それが、精油を空気に触れさせる「ひく」「砕く」という方法。あるいは、加熱によって精油を揮発させる「煎る」という方法です。このような準備段階を経て、次はいよいよスパイスを使った調理の本番へと突入していきます。

困ったときのリカバリー術

初めてチャレンジする料理には失敗がつきもの。作っている途中で
「さて困った」なんて悩むことは多いですね。
カレー作りのよくある失敗例について、リカバリーの方法を紹介します。

焦がしてしまった！

少々の焦げは気にしなくてかまいません。黒い焦げの塊ができたら、取り除いてください。のちに煮込みの工程があるなら、水を足して煮込むときに焦げが浮いてくるので、それを取り除きましょう。

味がまとまらない……

「調和のスパイス」コリアンダーの出番。みじん切りのパクチーを足してみて。北インドカレーの場合はライムやアチャールを加えるのも◎。南インドカレーならテンパリングオイル（P.31参照）を追加。

水を入れすぎてしまった！

煮込み時間を長くして水分を飛ばすのもいいのですが、炒め玉ねぎを新たに作って足せば甘味、旨味を追加できます。いずれにせよ水の量はカレーの濃度の決め手、あなた好みの適量を見つけてください。

辛くしすぎてしまった！

ヨーグルトか、マンゴーチャツネやジャムを少しの水で溶いたものを加えて煮込むと辛さが和らぎます。ヨーグルトは盛りつけ後にかけて食べてもいいですね。僕も子どものころはそうしていました。

味に深みが足りない……

乳製品を使ったカレーには同じ乳製品のバター、生クリームを追加。菜種油を使用したカレーには菜種油を追加するなど、オイル成分を足します。脂肪分の多いカシューナッツを加えるのもいいですね。

塩を入れすぎてしまった！

これはいけません。僕も入れすぎたときにいろんなリカバリーを試みたのですが、無理でした。塩の役目はインドカレーでは大きいので、分量を超える量を入れると、取り返しのつかないことになります。

「○○しすぎ」は禁物！
足りない場合は追加すればOK

入れすぎ、煮込みすぎといった「○○しすぎ」パターンのリカバリーは難しいもの。反対に、何かが足りない場合の解決は比較的簡単です。慣れないうちは、参考にしたレシピに忠実に従うか、一度に全量を入れずに様子を見ながら少しずつ入れていくなど、慎重に行えば失敗も少なくなるでしょう。「過ぎたるは猶《なお》及ばざるが如し」の言葉もあります。調理のスタート時に使わないと効果がイマイチなスパイスなどもあるものの、基本的には足りなければあとで足せばいいのですから。リカバリーがうまくできるようになれば、さらにスパイス料理が楽しくなることでしょう。失敗は成功のもと。恐れずにいろいろとチャレンジしてみてください！

スパイスを使うタイミング

スパイスを使うタイミングは、
下準備・調理中・食べるときの3種類。
調理中は、さらに3つに分けて考えることができます。

A 下準備に使う

食材にスパイスの香りをしみ込ませる

調理を本格的にスタートする前の下準備の段階で、肉などの食材に塩とブラックペッパーを振ったり、あるいはスパイスを加えて作ったマリネ液に食材を漬け込んだりすることで、下味をつけたり香りをしみ込ませたりできます。魚介類にターメリックをもみ込むと、殺菌効果も期待できます。

B 調理中に使う

スパイスの役割に応じて3段階に分けて加える

調理中にスパイスを使うタイミングは、①調理の最初、②調理の途中、③調理の最後の3パターン。①ホールスパイスで香りをつける、②パウダースパイスと塩で香りと味をつける、③フレッシュスパイスなどで仕上げの香りをつける、というふうに、それぞれスパイスを使う目的が異なっています。

C 食べるときに使う

好みに応じて香りや辛味を加える

ドライスパイスは加熱してから使うのが原則ですが、そのままでも十分に辛味や香りのあるペッパーや山椒などは、パウダーであれば食べる直前に振りかけて使うことができます。これは、ラーメン屋さんのコショウ、うなぎ屋さんの山椒などで、皆さんにとっても当たり前の使い方ですよね。

B-1

調理の最初

ホールスパイスを炒めて油に香りを移す

調理の初めは、たいがい鍋に油を熱するところからスタート。そこに加えるのがスタータースパイスで、炒めることによって精油の香りを油へと移します。こうすることで、引き出しにくいホールスパイスの香りを料理のベースにすることができます。

B-2

調理の途中

パウダースパイスで香りをつける

具材を炒めて水分を十分に飛ばしたら、パウダースパイスと塩を加えて混ぜ合わせることで、カレーソースの素を作ります。焦げやすいパウダースパイスは、このタイミングで入れるパターンが大半。ただし、ガラムマサラは調理の最後に使います。

B-3

調理の最後

フレッシュスパイスなどで香りづけをする

最後に加えるスパイスは、加熱で失われた香りを補うのが目的。フレッシュスパイス、またはガラムマサラを使います。ここでホールスパイスの風味を加えるなら油にスパイスの香りを移したうえで、加えます(テンパリング)。

スパイス選び・購入のコツ

魚を選ぶのに目利きのポイントがあるように、スパイスを買う際にも質のよさを見極めるポイントがあります。
慣れないと難しいかもしれませんが、覚えておいて損はない知識です。

ここをチェックして買おう！

スパイス選びの3カ条

スパイスの命はなんといっても「香り」。購入前に実際に嗅いで確かめるのが理想ですが、
それができるお店はなかなかありません。そこで、目で見てわかる以下のポイントを押さえておきましょう。

POINT 1
色の鮮やかさ

色の鮮やかさは、そのまま香りの高さにつながります。本来、黄色のものはより鮮やかな黄色のもの、赤色のものはより赤いものを。

POINT 2
色ツヤのよさ

色とともに、ツヤは鮮度の高さを表します。当然、新しく鮮度の高いものが質のよいもの。よりツヤのあるものを選びましょう。

POINT 3
粒の大きさ

同じスパイスでも大きなものは生育がよく、香りも高い傾向にあります。ホールなら、なるべく粒などの大きいものを選びましょう。

スパイスを買うときのポイント

最近はスーパーのスパイスコーナーも充実してきていますが、取扱商品の種類については限りがあり、本格的にスパイスを使いたい人には物足りないのは否めません。そこで、僕はネット通販を使うことをおすすめしています。全国どこでも、スパイスを手軽に購入できます。

もちろん、スパイス専門店の実店舗で現物を実際に自分の目で見るという経験もしておきたいところ。スパイス専門店ではありませんが、ハラルフード※店も多くのスパイスを取り扱っています。機会があれば、実店舗にも足を運んでみるといい勉強になると思いますよ。

インドアメリカン貿易商会の販売ブランド「スピンフーズ」公式HP
http://www.spinfoods.net
僕の会社「インドアメリカン貿易商会」ではスパイス・食材の輸入を行っており、「スピンフーズ」のブランドでインターネットで直接販売もしています。

※イスラム教において「食べてもよい食品」のこと。

スパイスはこうして保存

調理の際に便利だからと、ガス台の周りにスパイスの瓶を並べている人はいませんか？
せっかくそろえたスパイスの質を落としてしまわないよう、保存方法についても知っておきましょう。

容器は密閉できるもの

湿気が大敵であるスパイスは、密閉できる容器に入れておくことが重要です。そこで密閉できる透明ガラス容器がよく使われていますが、一方でスパイスを変質させる原因となる光を通してしまいます。すぐに使い切る場合は、そこまで神経質にならずともかまいませんが、長期保存用には光を通さないお茶の缶などに保管するのがおすすめです。

冷暗所で保存するのが基本

大半のスパイスは乾燥状態にあり、なかにはそれ自体が抗菌作用をもっているものもあります。そのため、特に冷蔵庫に入れずとも問題ないことがほとんど。光が当たらず、また火気や熱にもさらされることのない、棚の中など冷暗所での保存が基本です。シンク下なども一応は冷暗所ですが、湿気には注意が必要です。

高温・湿気・光を避けて

スパイスの大敵は「高温」「湿気」「光」。そこで、低い温度・湿度が保たれておりふだんは光が当たらないことから冷蔵庫が最適な保存場所のように思えるかもしれません。実際に、大量にスパイスをストックする場合は冷蔵庫に入れておくことが理想です。しかし、一般家庭のように少量ずつスパイスを出し入れするような使い方では、温度差によって結露が起きてしまい、かえって湿気にさらすことになる可能性もあり、あまりおすすめはできません。

もっとも例外もあります。意外かもしれませんが、レッドチリの仲間は非常にカビやすい性質があり、カビを防ぐためには冷蔵庫での保存がベスト。また、高気温下では香りが飛んでしまいやすいカルダモンについても、冷蔵庫で保存したほうがよいでしょう。ただし、使う分を取り出したらすぐに冷蔵庫へ戻しましょう。

スパイスライフの楽しみ方その１

使用法

スパイスには「正しい楽しみ方」なんてありません。
でも、ビギナーは、何をどうすればいいのか
悩んでしまうこともあるでしょう。
そんなときに役立ついくつかの例を紹介します。

気軽に自由に スパイスを使おう

スパイスライフを楽しみたい、スパイスに詳しくなりたいと思うなら、頭で難しく考える前に自分の鼻と舌を使うことです。まずは主要なスパイスそれぞれの香りを把握すれば、ブレンドだって難しいものではありません。もちろん、実際に料理に使ってみることも大切。カレーに限らず、いろいろな料理で試してみましょう。たとえば、インスタントラーメンにブラック（ホワイト）ペッパーをかける代わりに、乾煎りしたレッドチリパウダーをかけてみる。あるいは、肉じゃがに七味唐辛子をかける代わりに、乾煎りして粗びきしたクミンシードをかける。そんなちょっとしたアレンジを繰り返していくうちに、スパイス使いがもっと上手に、楽しくなっていくはずです。

スパイスは キッチン以外でも使える

料理をおいしく楽しくしてくれるスパイスですが、その活躍の場はキッチンだけにとどまりません。歯痛なら患部でクローブを軽く噛んでおけば、一時的に痛みは抑えられます。また、風邪気味でノドが痛いときは、ひいたブラックペッパーとハチミツを紅茶に加えて飲むと、不思議と症状が治まります。そのほか、フェンネルやカルダモン（種の部分のみ）を噛んだあとそのまま飲み込めば口臭防止、消化促進にも。インドではキャラウェイの精油は石鹸に、アニスシードの精油は歯磨きに使用されています。さらに、ヨーロッパでは「フルーツポマンダー」というオレンジなどの果物にクローブを刺し、シナモンなどのパウダーをまぶした芳香剤（＋魔除け）を作る風習があります。実に幅広く役に立つのがスパイスの優れたところ。工夫次第でまだまだ使い道は広がりそうですね。

スパイスライフの楽しみ方その2

栽培

一部のスパイスは、家庭でも比較的簡単に栽培できます。自分で育てたスパイスで料理を作れば、おいしさもひとしお。ここでは、栽培するメリットと育て方の一例を紹介しましょう。

スパイスを家庭で育ててみよう

スパイスの自家栽培には実用面での大きなメリットがあります。たとえば実際に僕の家では、カレーリーフとローリエを育てています。カレーリーフとは名前のとおり、「カレーの香りのする葉っぱ」のスパイスですが、そのなんともいえないよい香りはドライよりも、フレッシュのものに限ります。しかも、市販カレーリーフのほとんどはドライで、新鮮な生の葉はなかなか手に入らないのが現実。自家栽培したほうが手っ取り早いのです。また、どこのスーパーでも購入できるローリエにしても、やはりその芳しい香りはフレッシュとドライでは段違いです。自分で育てれば、スパイスへの愛着や、新しい使い方のアイデアがきっとわいてくると思いますよ。

カレーリーフの育て方

フレッシュなカレーリーフの香りの素晴らしさを知ったら、
「もうドライには戻れない！」と思ってしまうほど。
きっと、あなたもカレーリーフを栽培したくなるはずです！

植え方	種から育てる場合はいきなり土に植えるのではなく、種まき専用の土ポットを利用するのがよいでしょう。我が家では「ジフィーセブン」という商品を利用してから失敗することがなくなりました。芽が出てきたら、そのまま土に植えるだけなのでとても楽です。
用土	水はけのよい用土であれば問題ないようです。我が家でも、野菜用に売られている普通の園芸用土を使用しています。なお、寒い時期は屋内に取り込む必要があるため鉢植えでの栽培がおすすめです。
水やり	土の表面が乾いたぐらいのタイミングでたっぷりと、鉢底からあふれて出てくるぐらいの水やりをします。また、肥料は春と秋に、緩行性のものを使うのがよいでしょう。
置き場所	カレーリーフは熱帯の植物ですので暖かい季節は、よく陽の当たる場所に置いて管理します。また寒さには弱いので11月から翌年の5月あたりまでは、屋内で日光のよく当たる場所に置きましょう。
収穫	あまりに葉が少なくなると枯れてしまうこともありますので、小さなうちの収穫はほどほどに。高さが30cmほどになったら、中心から上に向かって成長している最中の頂点となっている芽を摘み取ると脇芽が多く出てきますので、順次それを利用していくのがよいでしょう。ちなみに、実には毒があるため食べられません。

日本でも栽培可能なスパイス

僕の家では、カレーリーフとローリエしか栽培していませんが、日本で栽培可能なスパイスはほかにいくらでもあります。たとえば、日本ではスパイスというよりも香味野菜として認知されているニンニクやショウガ、玉ねぎはいうに及ばず、山椒や唐辛子など、いわゆるスパイスも多く栽培されています。また、ハーブもスパイスに数えるならば、ミント、バジル、パクチーなども園芸店の種売り場では当たり前のように並んでいますし、プランターで簡単に育てることもできます。

試しにネットで、「ペッパー　種」「クローブ　苗」などで検索してみてください。ブラックペッパーやクローブなど〝ザ・スパイス〟といったものの種や苗が、意外と多く流通していることがわかるでしょう。スパイスとして収穫できるレベルでの栽培は難しいものもありますが、それでもスパイス栽培にチャレンジしてみるのは、よい経験となるはずです。

COLUMN

インドのスパイス生活

カレーのスパイス使いにおいては、日本よりはるかに長い歴史をもつインド。
そのスパイスライフはいったいどのようなものなのでしょうか。

大半の日本人がスパイスに抱くイメージは「カレーの材料」ですが、インドの人に代表的なスパイスに対するイメージ、真っ先に思いつく効果を尋ねると、日本とは若干異なるスパイスの使い方、位置づけが自然と見えてきます。

1. ターメリック : color（色）& anti inflammatory（抗炎症薬）
2. クミン :warm (体を温める、味に豊かさを加える）& earthy（自然な）
3. シナモン :sweetness（甘さ）
4. カルダモン :freshness flavor（フレッシュな味）.
5. コリアンダー :nutty & fruity（ナッツや果実）
6. マスタードシード :peppery（ペッパーのような辛味）
7. レッドチリ :hotness and color（辛味と色）
8. クローブ :warm（体を温める。味に豊かさを加える）

レッドチリでは辛味と色を連想するなど、日本との共通点も見受けられますが（ちなみに、インド人の多くは激辛好きではありません)、抗炎症作用や体を温める効果を連想する点などは、スパイス使いが伝統医学・アーユルヴェーダと直結しているインド人らしい考え方ですね。クミンが身体を温めるというイメージも、最初にそう聞いたときは新鮮に感じました。インドのスパイスライフは味を楽しむこと以上に、健康面に重点が置かれているようです。また、シナモンが甘さを加えるものであり、コリアンダーはナッティでフルーティだという感覚を知ると、僕たちのカレーやスパイスに対する味や香りの感じ方も、より豊かなものになりそうな気がしてきませんか？

CHAPTER 3

スパイス図鑑

世界各地で生産されているスパイスには、数えきれないほどの種類があります。この章では、その中でインド料理に欠かせないものを中心に34種類のスパイスを紹介します。スパイスには質の良いもの悪いものがあり、直接嗅いでみることのできない場合は、見た目が重要な判断材料となります。今回は質の高いものばかりを写真にできましたので、ご自分でスパイスを購入されるときの見本として、役立てていただければと思います。

香 香りをつける作用
色 色をつける作用
辛 辛味をつける作用
消 消臭・防腐作用

クミン

別　名	ジーラ、ウマゼリ
科　目	セリ科
部　位	種
原産地	エジプト

香　色　辛　消

独特の香りを引き出して使う 世界中で愛される万能スパイス

独特の強い香りとわずかな苦味、香ばしい風味をもつクミンは世界中の料理で使われているスパイスです。特にコリアンダーとの相性がよいですが、他のどんなスパイスとも合わせやすく、また単体でも活用できる使い勝手のよさも魅力。消化機能を整えるとされ、カレーパウダーの主要材料でもありますが、実は日本食にも合いますよ。たとえば、いつもの肉じゃがにちょっとひと振りすれば、エスニックな感じがプラスされておいしくなります。ぜひ、お試しを。

おいしい使い方

クミンは加熱して香ばしさを引き出すのが、おいしい使い方。フライパンなどで、軽く色づく程度にロースト（乾煎り）してから使えば、クミンの魅力を最大限に引き出すことができます。

かんたんレシピ

ひよこ豆のヨーグルトサラダ

【材　料】（4人分）

ひよこ豆…180g（※水煮缶またはやわらかく煮たひよこ豆）
プレーンヨーグルト…250g
クミンパウダー…小さじ½

【作り方】

①クミンシードを乾煎りし、ミルでひいてパウダーにする。
②ボウルにプレーンヨーグルト、水をきったひよこ豆を入れて、①のクミンパウダーと塩適量（分量外）を散らしながらかける。

コリアンダー

別　名	コエンドロ
科　目	セリ科
部　位	種
原産地	地中海地方

香 色 辛 消

個性派ぞろいのスパイスをまとめる 別名「調和のスパイス」

パクチー（香菜）の種を乾燥させたもの。生の葉のような癖はなく、柑橘系のさわやかな風味と心地よい苦味、花のような香りやナッツのような味わいがあり、煮込むととろみがつきます。ホール、パウダーどちらでも利用され、他のスパイスと合わせて使用することでその本領を発揮します。カレーパウダーでは最も多く使われるスパイスですね。全体をなじませる効果があるので「調和のスパイス」ともいわれています。

かんたんレシピ

コリアンダースープ

【材　料】（3～4人分）

玉ねぎ（スライス）…1個
コリアンダーパウダー…小さじ2
ブラックペッパーパウダー…小さじ½
塩…小さじ1
バター…大さじ1
牛乳…1と½カップ
水…1と½カップ

【作り方】

①バターを中火で熱し、玉ねぎをしんなりするまで炒めたら、他の材料を加えて煮立たせ、1分煮る。粗熱をとったらフードプロセッサーで攪拌し、ペーストにする。
②ペーストを鍋に戻し、中強火で熱する。煮立ったらさらに1分熱し、塩で味を調える。

おいしい使い方

たくさんの種類のスパイスを使った料理で全体をなじませ、まとめてくれます。特に煮込みや炒め料理にいいです。そのためには、できれば調理の直前にクラッシュしたホールを使いたいところ。どんなスパイスにも合うコリアンダーはいわば「名脇役」。コリアンダー自体ではなく、他のスパイスを生かすつもりで使ってみましょう。

ターメリック

別　名	秋ウコン
科　目	ショウガ科
部　位	根茎
原産地	熱帯アジア

香 **色** 辛 消

カレーの黄色のもとにもなる抗菌作用を備えたスパイス

　日本では「ウコン」と呼ばれるターメリックは、インドでは常備調味料として、また「天然の抗生物質」と呼ばれて重用されてきたスパイス。カレーの黄色は、このターメリックによるものです。極端にいえば、ターメリックさえあればカレーになる、それぐらいにカレーには必須の存在といえますね。加熱されていない状態では苦味を強く感じますが、加熱によって苦味は抑えられます。もっとも、質の高いターメリックは苦味が少なく、ふんわりと甘さも感じるものですが。

おいしい使い方

乾燥した根の部分を利用するターメリックは、そのままのかたまりではとてもかたいので、パウダーにして使うのが一般的です。特有の苦味を和らげ、本来のよい香りを立たせるには調理中に油や具材とともに加熱することが大事。豆と煮込むときれいな黄色がつきますよ。殺菌作用があるので、焼き魚を焼く際にまぶす方法も。一度、試してみてください。

かんたんレシピ

ターメリック玉子焼き

【材　料】（2人分）
卵…2個
ターメリック…小さじ½
塩…小さじ⅓

【作り方】
①溶き卵にターメリックと塩を加え、よく混ぜる。
②通常の卵焼きと同じように焼く。
▶抗菌作用のあるターメリックは、積極的に料理に生かしてみたいものです。まずは、黄色が生きる卵焼きやオムレツからチャレンジ！

レッドチリ

別名	赤唐辛子
科目	ナス科
部位	成熟果実
原産地	南米

香 色 辛 消

香りにも注目したい 辛さを決める重要スパイス

ほとんどの料理において、料理の辛さはこのレッドチリの量で決まります。ひとくくりにレッドチリ（赤唐辛子）と呼ばれますが、実は色や形の異なるさまざまな品種があり、それぞれ辛さや香りに違いがあります。インド産で代表的なのは、辛みが強く香りも濃厚なチリである「テジャチリ」。辛みが少なく色づけにも有用でピーマンのような香りがあり、北インドでよく使用される「カシミリチリ」。香りが豊かで深い、南インドでよく使われる「グンドゥチリ」の3つですね。

写真左上より時計回りにカシミリチリ、グンドゥチリ、テジャチリ（ホール）、テジャチリ（パウダー）。

おいしい使い方

レッドチリは辛さばかりが注目されがちですが、種類によって異なる香りと旨味も、実は料理にとって重要なもの。香りで選べるようになれば、チリ使いの上級者といえます。辛味や香り、色は加熱されたオイルに溶け出すため、主に調理の初めにスタータースパイスとして使用します。一方、料理が完成してからトッピングに利用することもあります。

かんたんレシピ

万能レッドホットオイル

日本でいえば七味唐辛子のように使える万能オイルです。あらかじめオイルに辛味を移してあるので、手軽に使えます。

【材　料】（2～3回分）
オリーブオイル…200ml
レッドチリ（ホール）…5本
ブラックペッパー…小さじ1
ブラウンマスタード…大さじ2
クミンシード…大さじ1
ニンニク（スライス）…8片
レッドチリパウダー…小さじ1
塩…大さじ1と½

【作り方】
① オリーブオイルを中火で熱し、レッドチリ（ホール）、ブラックペッパー、ブラウンマスタード、クミンシードを加え、ニンニクを加える。
②ニンニクが焼けてきたら火を消し、レッドチリパウダーと塩を加え、フライパンで5秒かき混ぜ、すぐにフライパンから別容器に移す。

シナモン

別名	肉桂、ニッキ、桂皮
科目	クスノキ科
部位	樹皮
原産地	スリランカ

香 色 辛 消

肉料理からスイーツにまで向く
爽やかな甘い香りが特徴の〝木の皮〟

日本では「桂皮」とも呼ばれる、クスノキ科の樹木の樹皮を剝ぎ取って乾燥させたスパイスです。バターやギーに合う繊細で甘く爽やかな香りをもち、北インド料理には欠かせません。少量を噛んでみると、繊細な香りとともに口の中で甘みを感じます。世界的にも、菓子作りに好んで使われるほか、コーヒーや紅茶、チャイなどの風味づけにも使われています。古くエジプトでは、ミイラの防腐剤にも使われたスパイスなんですよ。

カシア

別名	シナニッケイ(支那肉桂)
科目	クスノキ科
部位	樹皮
原産地	アッサム地方(インド)、ミャンマー北部

香 色 辛 消

強い香りが煮込み料理に最適
北インドのカレーと相性ぴったり

シナモンよりやや苦味、渋さを感じさせるその香りは強く、また厚みもあるので煮込み料理に向いています。煮込むと、甘い香りが出てきますね。北インドのカシューナッツや乳製品を使ったカレーとも相性がよく、シナモンと同じように使用します。実のところ、シナモンとは若干種類が異なるものの同じクスノキ科の木の樹皮なんですよ。ひとくくりに「シナモン」とされることも多いですが、香りの強弱などの違いを覚えておきましょう。

クローブ

別　名	チョウジ（丁子）
科　目	フトモモ科
部　位	花（つぼみ）
原産地	モルッカ諸島（インドネシア）、フィリピン南部

香 色 辛 消

肉の臭みを消してくれる
バニラのような甘い芳香

フトモモ科の常緑樹の花の、開花前の青いつぼみをがくとともに摘みとって乾燥させたもの。釘のような形をしていることから、日本では「丁子」とも呼ばれます。インドのミックススパイスとして有名な「ガラムマサラ」の原料の一つで、バニラにもたとえられる甘い香りが特徴。肉の臭みを消すのにぴったりです。少量で十分な香りづけができる代わりに、入れすぎると薬のような強い香りが出てしまうので、注意してください。

かんたんレシピ

ピスタチオ・クローブバター

【材　料】（1～2回分）
ピスタチオ…1カップ
クローブ…5個
水…50ml
バルサミコ酢…大さじ1
塩…小さじ1
オリーブオイル…大さじ3

【作り方】
①ピスタチオをフライパンで乾煎りする。200℃に温めたオーブンでピスタチオを5分ほど、色が変わってくるまで加熱する。すぐに取り出し、皿などに出して冷ます。クローブは乳鉢ですりつぶしパウダー状にしておく。クローブパウダーを使ってもよい。
②フードプロセッサーにピスタチオとクローブ、水、バルサミコ酢、塩を入れ、攪拌する。滑らかになったらオリーブオイルを加え、再び攪拌する。塩・バルサミコ酢で味を調えて完成。ニンジンなどのスティック野菜、焼いた野菜、ラムチョップなどに合わせて。

グリーンカルダモン

別　名	ショウズク（小荳蔻）
科　目	ショウガ科
部　位	種
原産地	インド

香　色　辛　消

カレーにも欠かせない芳香漂うスパイスの「女王」

完熟前の実をさやごと摘んで乾燥させたもので、さやの中には黒～褐色の種子が入っています。ほんのりとした甘く爽やかな、柑橘系の芳香が特徴。そのまま食べると舌に残る苦味がありますが、加熱調理によってカレーソースに花のような香りを添えてくれます。ホール、パウダーがありますが、カレーではホールをスタータースパイスとして使うことが多いですね。熱した油の中でぷっくりと膨らんだら、火が通った目安。わかりやすいでしょ⁉

ブラックカルダモン

別　名	ビッグカルダモン
科　目	ショウガ科
部　位	種
原産地	スリランカ、インド南部

香　色　辛　消

燻香をまとったダークカラーの「女王」

日本でカルダモンというと、通常はグリーンカルダモンを指します。しかし、インドでは近縁別種のこのブラックカルダモンのほうが一般的で、特に指定せずに「カルダモン」と注文すると、このブラックカルダモンがやってきます。鮮烈な香りのグリーンとは異なる、燻製のような濃く深い香りが特徴。単体ではダークチョコレートやフルーツとも合いますし、料理の素材で使われている肉と野菜・フルーツの風味を、香りでつなげてくれる役割も見逃せません。

ペッパー

別　名	胡椒
科　目	コショウ科
部　位	果実
原産地	インド南部

香　色　辛　消

常備しておきたいスパイスの代表 ミルでひきたてを使用したい

インド原産の世界的に有名なスパイス。チリが南米から伝わる以前、インドではペッパー（コショウ）だけが辛味のスパイスだったんです。ブラックペッパー、ホワイトペッパーともに同じコショウの実で、完全に熟す前の実を乾燥させて外皮ごと使うブラックペッパーは、より風味と辛味が強いもの。一方、熟した実から外皮を取り除いたホワイトペッパーは、風味、辛味とも若干マイルドになっています。スターターで使ってよし、最後にふりかけてよしの万能スパイスですね。

おいしい使い方

主張が強いスパイスなので、同じく主張の強いクローブなどと合わせます。香りや風味が揮発しやすいので料理の直前にミルでひくか、砕いて使うのが一番。またパウダーは使いすぎると辛くなるのでご注意。レッドチリだけでなく、このブラックペッパーでも辛さを演出できるようになったら、スパイス使いの腕がワンランク上がった証拠といえます。

かんたんレシピ

ペッパーティー

【材　料】（1人分）
紅茶…1杯分
ブラックペッパー…少々
はちみつ…大さじ1

【作り方】
①いつもの淹れ方で紅茶をカップに注ぐ。
②ペッパーミルにブラックペッパーを入れて紅茶の上で2回ほど回し、はちみつを加えて混ぜる。風邪ぎみのときにどうぞ。チャイを作るときに入れるのもおすすめ。

マスタード

別　名	辛子
科　目	アブラナ科
部　位	種
原産地	インド、南ヨーロッパ

香　色　辛　消

ナッツのような香ばしい風味と
マイルドな辛味のスパイス

日本やヨーロッパ、北米では「イエローマスタード」が一般的ですが、西アジアやインドで多く使われるのは「ブラウンマスタード」です。ブラウンのほうがやや辛味、風味ともに強い感じがありますが、ホールで使う分には色味ほどの違いはなく、カレーに使うならどちらを選んでも大きな差はないでしょう。特にココナッツオイルとの相性は抜群。辛さはチリなどより控えめですが、油で炒めると香ばしい風味、ナッツ香を放ち、辛味が料理全体に広がります。

かんたんレシピ

ベンガルカレーソース

【材　料】（4人分）
玉ねぎ…1個
マスタードオイル…大さじ3
粒マスタード…60g
ニンニク（すりおろし）…1片
ショウガ（すりおろし）…1片
塩…小さじ½
レモン汁…大さじ1
水…150ml

【始めのスパイス】
ブラウンマスタード…小さじ½
フェンネル…小さじ½

【2度目のスパイス（パウダー）】
レッドチリ…小さじ½
コリアンダー…大さじ1
アムチュール（青マンゴー）
…小さじ½
ターメリック…小さじ½

【作り方】
①玉ねぎは縦半分に切り、繊維に沿ってスライス。フライパンにマスタードオイルを中強火で熱し、**【始めのスパイス】**を加える。
②パチパチ弾ける音が収まったら火を止め、粒マスタードを加える。
③中火にし、全体がなじんだら玉ねぎを加え、焼く感覚で炒める。
④きつね色になったら、ニンニク、ショウガを加え、香りが立つまで3分ほど炒める。
⑤**【2度目のスパイス】**、塩、水50ml（分量外）を加える。水分が飛んだら、レモン汁と水150mlを加えて煮込み、塩（分量外）で味を調える。
▶焼いた魚のソースにどうぞ。

パプリカ

別　名	甘唐辛子
科　目	ナス科
部　位	果実
原産地	南米

香 色 辛 消

食欲をそそる色をつける 辛くないのに真っ赤なスパイス

辛くないよう品種改良されたレッドチリを乾燥させ、粉末にしたもの。インド料理では特に赤色が食欲をそそる色として重用されます。そこで、辛くはなくとも料理にレッドチリを思わせるきれいな赤い色をつけるパプリカは使われているんです。独特の甘さを感じさせるピーマン香も、また魅力ですね。ただ、入れすぎるとピーマン香が苦味に変わってしまうのでご注意を。レッドチリパウダーと調合すれば、相互作用によってより香りが華やかになります。

写真左はスウィートパプリカ（マイルドパプリカ）、右はホットパプリカ。

おいしい使い方

ピーマンのような香りはレッドチリをはじめ、クミンとも相性がよいもの。できれば、あらかじめ一緒に焙煎して使うのがいいですね。タンドリーチキンに使えばピーマン香が生き、見た目にも食欲をそそる赤い色に仕上がります。そのほか、レモンやトマトなど酸味のある食材とも合いますよ。

かんたんレシピ

パプリカライス

【材　料】（4人分）
米…2合
パプリカパウダー…小さじ⅔
クミンシード…小さじ⅓
パクチー…適量

【作り方】
①ごはんを炊く準備をする。研ぎ方、水加減はふだんと同じでかまわない。
②パプリカパウダーとクミンシードを加えて炊く。炊き上がったら、刻んだパクチーを散らす。

炊くときに加えるだけで、きれいな薄いオレンジ色のついたごはんができます。色、香りとも異なりますが、サフランライスの代わりにもなります。

カスリメティ

別　名	フェヌグリークリーフ
科　目	マメ科
部　位	葉
原産地	中近東、アフリカ、インド

香　色　辛　消

煮込み料理に深い味わいをもたらす　メープルシロップのような香り

フェヌグリークの葉で、インドでは生の葉も流通しています。日本で入手できるのは乾燥葉になると思いますが、それでも香りは十分。若干苦味を感じるものの、香り豊かで野菜や肉、魚介類とどんな具材とも相性がよいです。煮込み料理に少量加えるだけでメープルシロップのような甘い香りがつき、味に深みが出ます。バターチキンカレーなどの仕上げによく使用されますね。カスリメティは、煮込んで香りを引き出すことで本領を発揮するスパイスです。

フェヌグリーク

別　名	メティシード
科　目	マメ科
部　位	種
原産地	中近東、アフリカ、インド

香　色　辛　消

加熱によって真価を発揮する　栄養豊富なスパイス

セロリやセリに似た甘い香りと苦味があるマメ科の植物の種。タンパク質やミネラル、ビタミンを多く含み、インドに多いベジタリアンに栄養源として重宝されています。アチャール作りでは必需品です。生でそのまま食べると苦いのですが、煎るとナッツのような甘く香ばしく複雑な香りが出ます。また、油で炒めても同様に甘い香りが立ちます。マスタードと特に相性がよく、その組み合わせは東インドのパンチフォロンというミックススパイスにも生かされています。

フェンネル

別名	ウイキョウ（茴香）
科目	セリ科
部位	種
原産地	地中海地方

香 色 辛 消

強い香りで素材を包む 魚介料理に欠かせないスパイス

カレー作りでは、クミンとともによく使われるスパイスで、魚、鶏、野菜などに合います。料理にスッキリとした爽やかな香り、甘い香りをつけたいときにおすすめ。一般的に流通しているものを見るとクミンと似ていますが、本来はより緑がかっており、時間がたつとクミンの色に近くなります。いずれにしても、フェンネルのほうが香りも甘味も強く、組み合わせて使うとより効果的です。食後の口をスッキリさせ、消化を助ける働きも見逃せませんね。

おいしい使い方

どんなカレーにも合いますが、「フィッシュスパイス」として知られるぐらいで、特に魚介を使ったカレーには欠かせません。スパイスクラッシャーでたたいて料理にふりかけたり、油で炒めたりするのが基本的な使い方です。

かんたんレシピ

キャベツのフェンネル炒め

【材　料】（4人分）

キャベツ…⅓個
オリーブオイル…大さじ1
フェンネル…小さじ½
レモン（汁）…½個分
塩…適量

【作り方】

①キャベツを千切りにする。
②フライパンでオリーブオイルを熱し、フェンネルシードを炒めて香りを出す。キャベツとレモン汁を加えて炒め、全体がしんなりとしてきたら塩で味を調える。

応用でブラウンマスタード小さじ⅓をフェンネルと一緒に加えたり、レモン汁と一緒にターメリック小さじ⅓を加えたりしてもよい。

メース

別　名	ニクズク（肉荳蔻）
科　目	ニクズク科
部　位	仮種皮
原産地	モルッカ諸島（インドネシア）

香 色 辛 消

ナツメグに似た上品な甘味と香り

ホールでは一風変わった見た目がとても印象的なメース。これはニクズク、つまりナツメグの実をとりかこむ仮種皮という部分を乾燥させたものです。当然ながら風味や香りはナツメグに似ていますが、より上品な繊細さを感じさせますね。ホール、パウダーの両方がありますが煮込み料理ではホールのまま加えることが多く、またひいたり細かく刻んだりすることも容易なので、わざわざ別にパウダーを購入する必要もないでしょう。

ナツメグ

別　名	ニクズク（肉荳蔻）
科　目	ニクズク科
部　位	種子
原産地	モルッカ諸島（インドネシア）

香 色 辛 消

刺激的な辛味と苦味が肉の臭みを打ち消す

ニクズクの種子からなるスパイスで、甘い香りとピリッとした刺激のある辛味・苦味を併せ持っています。ハンバーグをはじめとした肉料理の臭み消しのほか、お菓子や飲み物の香りづけにも使われます。もちろん、ガラムマサラやカレーパウダーでもよく使われ、ムスクやブラックペッパー、カルダモンなど他のさまざまな香りも感じさせてくれます。種の皮が硬いので削りにくいものの、ホールをおろし金ですりおろせば鮮烈な風味を楽しむことができます。

パクチー

別　名	シャンツァイ（香菜）、コリアンダーリーフ
科　目	セリ科
部　位	葉、茎、根
原産地	地中海地方

香 色 辛 消

全体の味をなじませ煮込みを仕上げるフレッシュスパイス

種を使うスパイス、コリアンダーの葉がこのパクチー。中華料理やタイ料理などのトッピングが真っ先に思い浮かぶ人も多いかもしれませんが、インド全域でも料理に使われています。独特の香りをカメムシのにおいに似ているなどと嫌う人もいますが、いろいろなスパイスと一緒に使うと気にならなくなります。それどころか、料理の味全体をなじませてくれるチカラがあるので、積極的に使ってみたいフレッシュスパイスなんですよ。

ペパーミント

別　名	セイヨウハッカ（西洋薄荷）
科　目	シソ科
部　位	葉、茎
原産地	地中海沿岸、ヨーロッパ

香 色 辛 消

サラダやソースのアクセントに清涼感をもたらすハーブスパイス

スーッとする生の葉の爽やかな香味を生かして、マリネやソースに使用します。ペパーミントにグリーンチリとパクチー、レモン汁を合わせてミキサーにかければタンドリーチキンや揚げ物にぴったりのソースになるでしょう。また、そのままサラダに交ぜるのもありです。ミントと合うのは、バジル、カルダモンなどの爽やかなスパイスですね。ちなみに、僕は台湾の凍頂烏龍茶と黒糖に合わせて作るミントティーがお気に入り。気分が落ち着きます。

カレーリーフ

別　名	オオバゲッキツ、ナンヨウザンショウ
科　目	ミカン科
部　位	葉
原産地	インド

香 色 辛 消

生で使うと風味抜群
カレーの香りの不思議な葉

　カレーのような香りがすることからその名が付いたスパイス。温めた油に加えるとカレーの香りだけでなく、煎ったゴマのような香りも漂います。南インドやスリランカの熱帯地域で生育する植物で、日本で購入できるのは乾燥させたものがほとんど。しかし、最近は香りが格段によい生のものも流通するようになってきているので、ぜひとも手に入れて南インド料理を楽しみたいところ。僕も人にもらった種から、自宅で育てています（育て方はP.37参照）。

「青」のチリ、最大の持ち味は
「赤」にはないフレッシュな辛さ

　グリーンチリ（青唐辛子）は、インド料理では乾燥させたレッドチリとともに欠かせない存在。フレッシュのまま刻んでカレーやサラダ、炒め物にも使われます。種を入れるほどに辛味が強くなり、抜けば辛味が抑えられるという具合に、種の増減により辛さを調整できます。また辛味だけでなく、ピーマン香によって料理の香りが豊かになります。パクチー＆ライムと一緒にミキサーで攪拌すれば、エスニック料理に合うすっきりと辛いソースができます。

香 色 辛 消

別　名	青唐辛子
科　目	ナス科
部　位	果実
原産地	南米

グリーンチリ

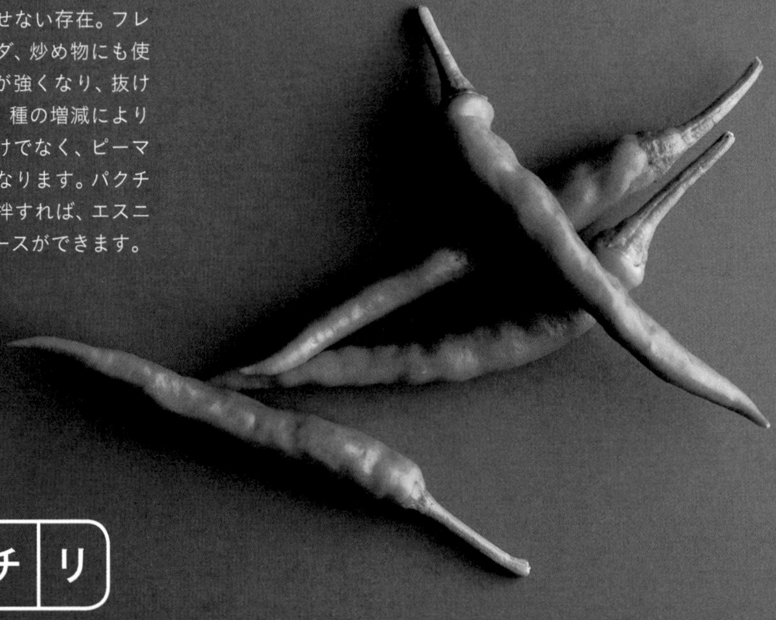

滋養強壮作用のあるGARLIC（ガーリック）

ニンニクの辛味は、熱を加えることで甘味に変わります。インド料理では、「GG」と略して通じるほどに、ショウガとともによく使われ、特にカレーには必ずといっていいほど入っています。使い方も、ショウガと同量をミキサーにかけてペーストにしたり、みじん切りにしたりと多彩。日本で手に入れるなら、やはり日本産のものが質もよくおすすめ。特に、青森県産の福地ホワイトは僕も気に入っています。

香 色 辛 消

別名	ガーリック
科目	ユリ科
部位	根茎
原産地	アジア

ニンニク

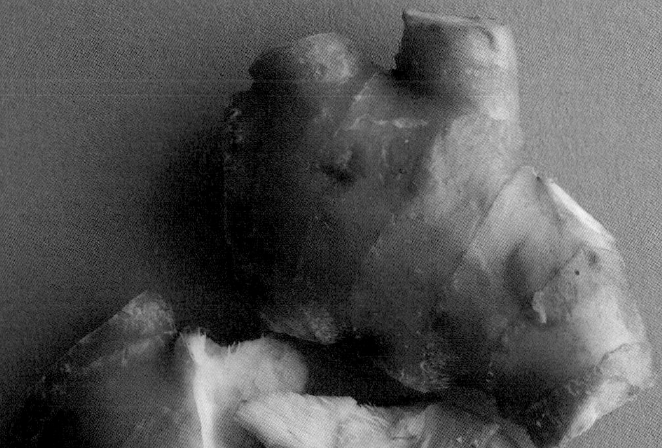

ショウガ

別名	ジンジャー
科目	ショウガ科
部位	根
原産地	インド、中国

香 色 辛 消

消化を促進して体を温める GINGER（ジンジャー）

ピリッとした刺激のある爽やかな辛さに、肉や魚の臭みを取る効果があるスパイス。強い消化促進作用と、体を温める効果があり、料理だけでなく飲み物にもよく使われます。ニンニクと同量をペースト状に、あるいはみじん切りにし、料理の前半で使うことが多いですが、トッピングとして使う場合は千切りにすることも多いですね。また、インドのマサラチャイドリンクでは乾燥させたドライジンジャーを使うことも多くあります。

ローリエ

別　名	ローレル、ベイリーフ、月桂樹
科　目	クスノキ科
部　位	葉
原産地	ヨーロッパ、アジア西部

香 色 辛 消

煮込み料理に欠かせない
世界中で愛用される香りの葉

　月桂樹やベイリーフとも呼ばれる、クスノキ科樹木の葉を利用したスパイス。世界中の料理に使われています。東地中海地域が原産ですが、他の地域でも栽培されてきました。すがすがしい香りを生かし、肉や魚の臭み消しや香りづけに使われ、ブーケガルニの材料にもなっています。特にポトフやブイヨンなどの煮込み料理には欠かせません。長時間煮込んでいくと苦味が出てくるので、料理にある程度香りがついたら取り出しましょう。

シナモンの木から取れる
葉もスパイスに

　クスノキ科の樹木の樹皮を剝ぎ取って乾燥させたスパイスがシナモンですが、その葉も「シナモンリーフ」というスパイスになります。日本ではなじみがないかもしれませんが、インドでは非常によく使われます。日本ではローリエと混同されて、どちらも「ベイリーフ」と呼ばれることがありますが、本来はシナモンリーフこそが「インディアンベイリーフ」。両者は一見、似ていますが、縦に目立つ3本の葉脈があるのがシナモンリーフ。シナモンと同様の香りがします。

香 色 辛 消

別　名	インディアンベイリーフ
科　目	クスノキ科
部　位	葉
原産地	スリランカ

シナモンリーフ

ディル

別名	イノンド
科目	セリ科
部位	種
原産地	西南アジア 中央アジア

香 色 辛 消

ピリッと鋭い味で、フィッシュカレー、サブジなど野菜カレーの香りづけやトッピングに使われます。また種の部分だけでなく葉の部分も同様に使うことができます。魚料理に合うため、ヨーロッパでは「魚のハーブ」の呼び名もあります。

アジョワン

別名	カロム
科目	セリ科
部位	種
原産地	南インド、北アフリカ、北アジア

香 色 辛 消

タイムに似た香りの、辛味と苦味をもつセリ科のスパイス。サモサなど揚げ物の衣に使用します。フェンネルと一緒にたたいてオリーブオイルで炒め、玉ねぎと塩を加えてソースにも。消化促進の効果があるとされ、インドではよく使われます。

アニス

別名	セイヨウウイキョウ(西洋茴香)
科目	セリ科
部位	種
原産地	中近東、東地中海地方

香 色 辛 消

強い芳香と甘草にも似た甘味をもち、インドではスープ料理によく使います。中華のスパイスで有名な八角は「スターアニス」ですが、こちらはセリ科の植物「アニス」の種。でも、香りはよく似ていて、消臭効果があり魚介の臭みを取ります。

キャラウェイ

別名	ヒメウイキョウ(姫茴香)
科目	セリ科
部位	種
原産地	西アジア、ヨーロッパ

香 色 辛 消

やわらかで、ほのかに苦さを感じる甘味のあるスパイス。パンやソーセージ、ザワークラウトなどの料理のほか、デザート作りにも利用されます。ヨーロッパでは人を惹きつける力があると信じられ、「ほれ薬」の材料になったという話もあります。

サフラン

別　名	バンコウカ（蕃紅花）
科　目	アヤメ科
部　位	めしべ
原産地	地中海沿岸

香　色　辛　消

アヤメ科の植物の花のめしべのみを集めて乾燥させた非常に高価なスパイスで、1g単位から販売されています。料理に黄金のような黄色と、芳しい香りをもたらします。サフランライスやパエリアの材料で有名ですが、魚料理にも合います。

タマリンド

別　名	チョウセンモダマ
科　目	マメ科
部　位	果実
原産地	東アフリカ

香　色　辛　消

マメ科の植物の果肉部分を使った、酸味が特徴のスパイス。ブロック状に固めて売られていることが多く、お湯に浸してやわらかくしたものをつぶし、種を取り除いて使います。主に南インドでサンバル、ラッサム、チャツネなどに使われます。

ヒング

別　名	アサフェティダ
科　目	セリ科
部　位	茎から採れる樹液
原産地	南西アジア、北アフリカ

香　色　辛　消

別名「悪魔の糞」というぐらいで、発酵したニンニクや玉ねぎを思わせる食品らしからぬ強烈な硫黄臭があります。しかし、少量を油で加熱すると一転して芳しい香りに変化。濃い味わいを料理にもたらしてくれるんですよ。

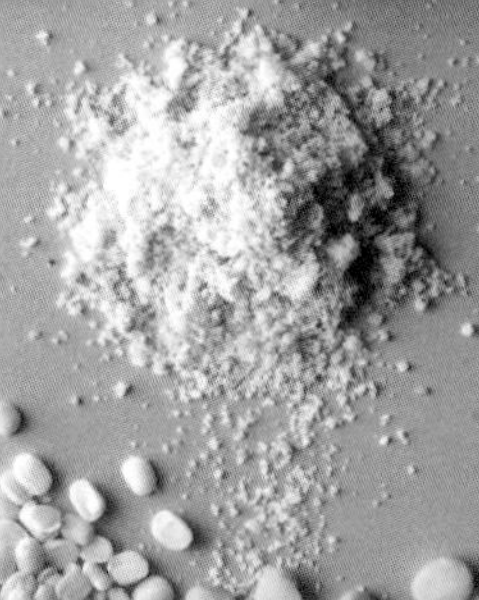

ウラドダル　チャナダル

「ダル」とはひき割りにした豆のこと。ウラドダルはケツルアズキ（もやし豆）、チャナダルはひよこ豆のひき割りを指します。意外かもしれませんが、ダルもテンパリングで旨味や風味を引き出し、スパイスとして使うんですよ。

CHAPTER 4

スパイス混ぜワザ 合わせワザ

第3章ではスパイスそれぞれの特徴と使い方について解説しました。しかし、スパイスは他のスパイスと調合することで、さらに魅力を発揮します。この章では、そんなスパイス調合の基本について紹介しましょう。有名なミックススパイス「ガラムマサラ」も、基本がわかれば案外簡単。オリジナル調合だってすぐ挑戦できますよ。後半では、BBQなどに役立つミックススパイスの調合レシピと使い方を紹介しているので、ぜひお試しを。

スパイス混ぜワザ合わせワザ［基本編］

ミックススパイスの調合

スパイスカレーやスパイス料理を作るには、どんなスパイスをどのくらいブレンドすればいい？
ミックススパイス調合の基本を押さえておきましょう。

いまさら聴けない!?

スパイスカレーの調合

基本4スパイス

コリアンダー（パウダー） 3

コリアンダーは柑橘系の爽やかな香りと、心地よい苦味が特徴。全体の味をなじませてくれる調和のスパイスです。

ターメリック（パウダー） 1

カレーの黄色は、このターメリックによるもの。抗菌作用があるとされ、加熱によって独特の苦味は和らぎます。

クミン（パウダー） 3

一般的に想像されるカレーの香りの中心は、このクミンの強い香りによるもの。焙煎すると深みが増し、香ばしくなります。

レッドチリ（パウダー） 1

カレーの辛味を生み出すレッドチリ。赤い色もまた食欲をそそりますが、実は、香りの面でも重要な役割を果たしています。辛いのが苦手な方はパプリカパウダーを代用してください。

タメ1：チリ1：クミ3：コリ3　まず覚えるのは4種類

　ビギナーにはハードルが高いと思われがちなスパイスカレーの調合。しかし、基本は4つのスパイスの配合比率を覚えるだけ！ 案外簡単なんですよ。事実、僕もいかにシンプルな調合で完成させられるかを日々考えています。なぜなら、必要最小限・シンプルであるほど、素材の味を生かしたおいしいカレーが作れるからです。

　基本4スパイスは、ターメリック、レッドチリ、クミン、コリアンダー。これらを上記の比率で混ぜれば、それだけで立派な「スパイスカレーブレンド」が作れます。

　もちろん、これは「基本」ですからカレーの具材によっては、より適した調合が存在します。右ページでは、その応用ブレンドについても説明しますが、これとて、シャンカール式のブレンドにすぎません。いろいろ試して、あなただけのオリジナルブレンドを見つけてください。

このページの見方

調合スパイスの種類と比率を、円グラフ状に表しています。ターメリックを1とした場合、レッドチリパウダーも同量の1、クミンパウダーとコリアンダーパウダーはその3倍ずつの量。まずはこの比率で調合してみましょう。

応用 その1

肉カレーのブレンド

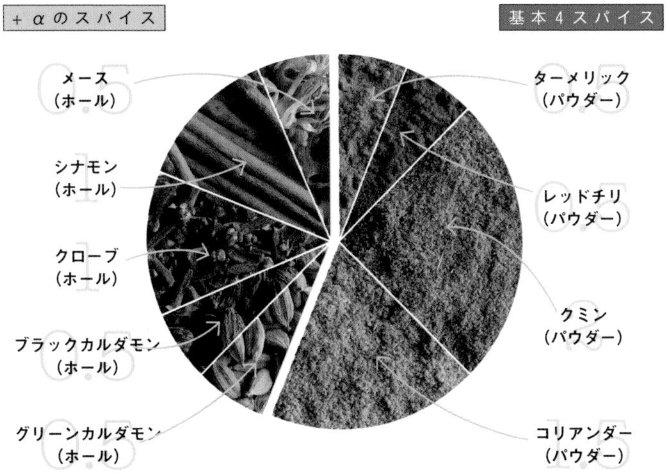

強めの香りで 肉の臭みを打ち消す

北インドの肉カレーを作るときのミックススパイスをベースに作りました。カルダモン、シナモン、クローブ、メース、これらのホールは肉カレーを作る際のスターター スパイスとしてよく使用されます。その際の油はバター（ギー）がよく使われるもの。肉には臭みを消してくれる、この香りの強いスパイス群とクミンシードがよく合います。

応用 その2

魚カレーのブレンド

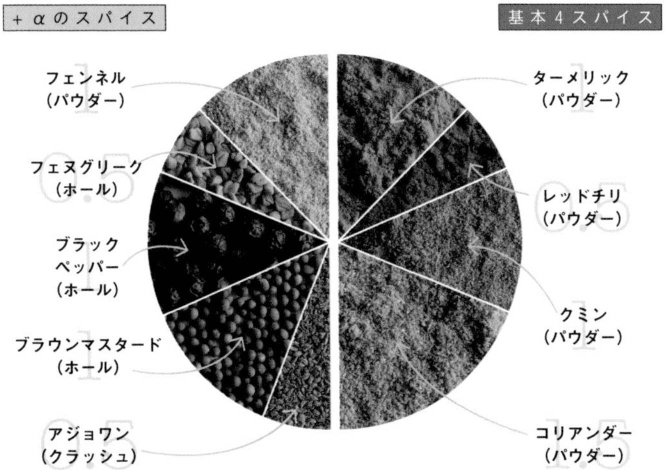

魚に合わせるなら スッキリ系の辛味で

魚カレーを食する東インドと南インドでよく使用される調合の例です。魚カレーにはマスタード、ブラックペッパーでピリッと辛さをもたせ、そこにすっきりと爽やかで香り高いアジョワン、フェンネルを合わせてみましょう。生のカレーリーフもあれば使用してみてください。油はマスタードオイル、ココナッツオイル、菜種油などを使用します。

応用 その3

野菜カレーのブレンド

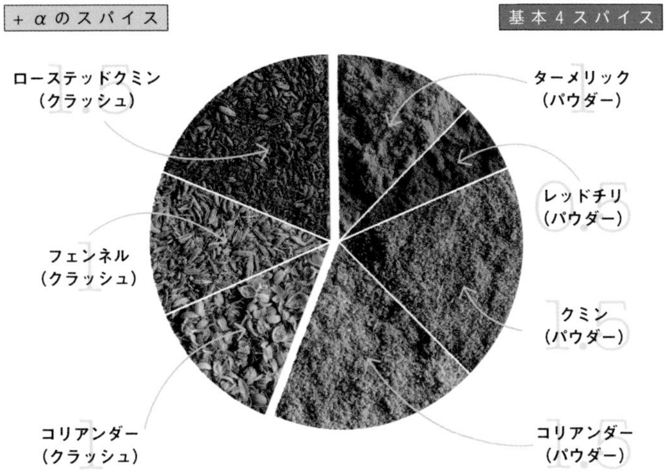

最小限のスパイスで 野菜の味を生かす

野菜カレーは、淡泊な野菜の味と香りを生かすため、スパイスの種類は控えめ。代わりに同じスパイスをパウダー、クラッシュ、ローストと異なる状態で使い、深みを出します。クラッシュスパイスの食感もキーポイント。クミンを煎ったローステッドクミンは、深く濃い香りをもたらします。油はオリーブオイルほか、お好みの油を使ってみてください。

AIR SPICE 実験室

シャンカール・ノグチ
×
水野仁輔

"スパイス調合バトル" 10本勝負

東京カリ〜番長を筆頭に、さまざまなコラボレーションを展開してきたシャンカール・ノグチと水野仁輔。ふたりが手がけるスパイス定期発送サービス「AIR SPICE」の事務所・AIR SPICE LABOにて、某月某日、極秘のうちに行われたスパイス調合実験への潜入取材を敢行。そこには、スパイスを楽しむためのヒントが隠されていました！

AIR SPICE LABOにて行われた極秘実験とは？

シャンカール（以下 シ） 今日は対談よろしく……って何これ、スパイス並べて⁉

水野（以下 水） 今日はちょっと極秘の実験に付き合ってもらおうかと思ってね。

シ　極秘の実験⁉

水　初心者向けに、スパイスカレーのベースとなるスパイスを４種に絞って、それも全部同量ずつで完成できる簡単な調合メソッドを作れないかな、って考えていてね。それを試す実験なんだけど。

シ　全部同じ量って、それはまた大胆だね。

水　この前、インドへ一緒に行ったとき、現地でチェティナードチキンカレーを食べたでしょ。その店で、教わったレシピがきっかけだよ。「全スパイス同量ブレンドなんてありえない」と思っていたのに、それが旨いことがわかったから。

シ　実験は具体的に何をすればいいの？

水　10種あるスパイスから、適当な４種を

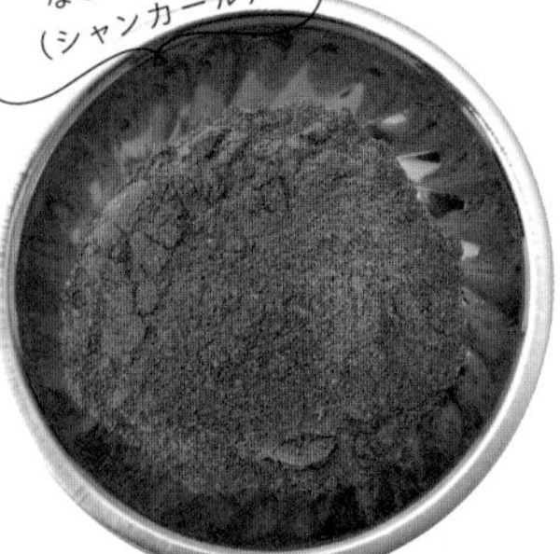

ブレンドA

クミン＋レッドチリ＋
フェンネル＋ターメリック

先手、シャンカール。まずは定石の調合による一手目。どこかケチャップのような香り。

ブレンドB

ターメリック＋パプリカ＋
クミン＋コリアンダー

後手、水野。こちらも様子見か、辛さのない安定路線の手から攻める。

大さじ1ずつ調合してみて、それでいい具合のブレンドができないかを試す、そんな実験。やるからには勝つよ、俺は。

シ　ええっ？　勝負になってんの⁉（笑）

――そんなこんなで始まったふたりの実験（勝負？）。交互に右記のパウダースパイス10種類から4種を選んで容器に入れ、よく混ぜてブレンド。どんな香りになったか、どういう料理に向きそうかなど、批評合戦を展開。具体的な中身は写真を見ていただくとして。スパイスを楽しむヒントが詰まったふたりの実験の様子を、盛り上がってきた後半から紹介します。

水野仁輔

AIR SPICE代表。1999年に立ち上げた「東京カリ～番長」などの活動を通じて著者と親交を深める。『わたしだけのおいしいカレーを作るために』（パインターナショナル）など、カレーとスパイスにまつわる著書多数。

同量ずつ4種のスパイスでナイスなブレンドは作れるか？

（※ここより後半戦の様子）

シ　次のブレンドEはグリーンカルダモン、クミン、レッドチリ、ブラックペッパーね。

水　おっ、辛味を重ねていいねえ～。香りはお茶、っていうかお茶の出し殻みたい。

シ　出し殻って……（笑）。ビシッと辛いキーマカレーでも作れそうじゃない⁉

使用スパイス

①レッドチリパウダー
②ガラムマサラ
③フェヌグリーク
④フェンネル
⑤ターメリック
⑥コリアンダー
⑦クミン
⑧グリーンカルダモン
⑨パプリカ
⑩ブラックペッパー

バトルのルール

その1：10種のスパイスから4種を選ぶべし
その2：4種を大さじ1ずつ配合すべし
その3：同じスパイスを一度に2回使うべからず

ブレンドC

フェヌグリーク＋コリアンダー＋ガラムマサラ＋パプリカ

シャンカール、サブジやマトン料理に使えそうな調合。「輪ゴムの香り」（水野評）。

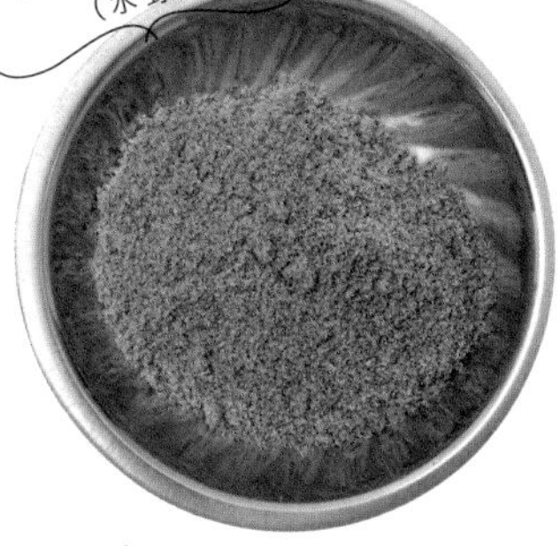

ブレンドD

ブラックペッパー＋フェンネル＋コリアンダー＋クミン

水野、チェティナードカレーの素に使えそうな調合。「買ったばかりの浮き輪のにおい」（水野評）。

水　ブラックペッパーとかレッドチリって、実は辛さだけでなく香りも魅力なんだよね。
シ　さっきから輪ゴムとか買ったばかりの浮き輪（ブレンドC・D）とかさ、香りのたとえがヘンだよ？　おいしくなさそう。
水　いや、「何それ! ヘンだけど嗅いでみたい」って思わせる表現が大事なんだよ。ワインだって「濡れた犬のにおいが〜」とかいうじゃない。AIR SPICEは驚きと体験を売ってるんだから、それでいいんだよ。
シ　驚きとは、まさしくいまそうだね。
水　じゃあ、次はフェヌグリーク、ターメリック。あ、これ大量に使っちゃいけないふたつだ。きっと苦いよ。なので、調和のスパイス・コリアンダーを……。
シ　じゃ、ブレンドGはレッドチリ、ガラム

辛さを重ねて
キーマカレーに
（シャンカール）

ブレンドE

グリーンカルダモン＋クミン＋
レッドチリ＋ブラックペッパー

シャンカール、ビシッと辛いキーマカレーが作れそうな調合。水野を追い詰める好手。

南インドっぽい
揚げ物が作れそう
（水野）

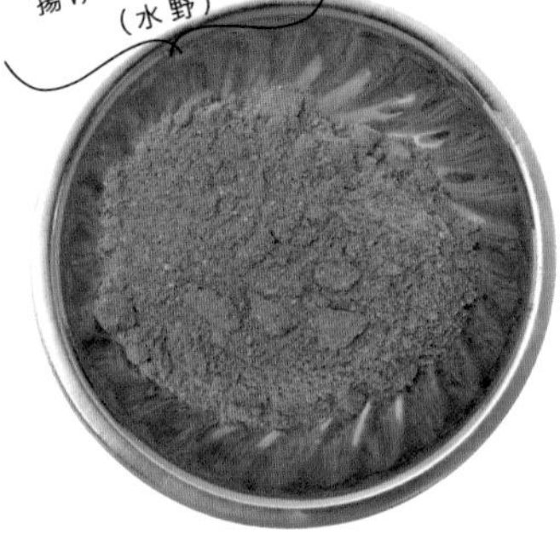

ブレンドF

フェヌグリーク＋ターメリック＋
レッドチリ＋コリアンダー

水野、「苦い系」を重ねてしまう悪手も、調和のスパイス・コリアンダーに救われた形。

コトコト煮込む
肉カレー向きだね
（シャンカール）

ブレンドG

コリアンダー＋フェンネル＋
ガラムマサラ＋レッドチリ

長考ののち、失敗を恐れた甘い手のシャンカール。しかし、ビーフカレーにはよさそう。

カレーな感じは
しないが何かがある
（水野）

ブレンドH

グリーンカルダモン＋レッドチリ＋
パプリカ＋クミン

水野、ここでソースに向きそうな調合を繰り出す。「マニアックなお好み焼き屋のにおい」

磯の香りの調合で
エビカレー
（シャンカール）

ブレンドI

ブラックペッパー＋ターメリック＋
パプリカ＋フェヌグリーク

シャンカール、最終手でここまでになかったシーフード向けの一手を打つ。「磯のにおい」？

ツーンとクセになる
チキンカレーだ！
（水野）

ブレンドJ

グリーンカルダモン＋ガラムマサラ＋
フェンネル＋フェヌグリーク

最後の強烈な打ち手はチキンカレー向けか？ これにて試合終了！ 今後の実証が待たれる。

マサラ……。肉系カレーが好きだからつい肉用に行っちゃう。これビーフカレーに合いそう。香りは機関車の油のにおい？

水　そう！ そのたとえ！ どんな機関車？

シ　もちろん、ダージリン・ヒマラヤ鉄道！

水　ブレンドHは、まだあまり出てないものを集中的に……。うん、これ、カレーな感じじゃないけど何かがあるぞ！

シ　これいいね。何かのソースみたいだ。サルサソースだ。次の9手目はブラックペッパー、ターメリック、パプリカ、フェヌグリークでどうだ！

水　磯のにおいがするね。干しイカみたいな。でも、食べものにたとえたくないからこの香りは、徹底的に洗濯したあとのメキシコの漁師のTシャツってことで！

シ　何だ、それ⁉（笑）

水　じゃあ、最後はグリーンカルダモン、ガラムマサラ、フェンネル、フェヌグリーク、と。この分量の使い方はチャレンジングでしょ。あっ、これはツーンと後頭部にくる。

シ　嗅いだまま眠れそうな気がする。

水　カルダモンは導眠作用があるって話だし、NASA開発の安眠まくらの香り、ってとこかな。チキンカレーに合うかもね。

結論：スパイスを学ぶ者 スパイスで遊ぶべし！

シ　さて、これで全調合が終わったね。最初は手堅い調合から始まったけど、ブレンドC・Dあたりからお互い勝負に出て、HやJなんかはチャレンジングで、ふだんは思いつかないおもしろいブレンドだよね。

水　あくまでも実験、というか遊びだしね。でも、スパイスを覚えていきたいなら、こうした遊びをやってみるといいんだよ。知識だけじゃ身につかないからね。

シ　読者の皆さんも、友達や家族と一緒にスパイス遊びを楽しんでみませんか？

AIR SPICE

「あなたのキッチンにスパイスは要りません」が合言葉。スパイスを常備していなくても、あたかもスパイス慣れしているかのようなスパイス料理が作れる。そんな便利で手軽なスパイスセットが、毎月3日に届く定期発送サービス。3カ月、6カ月、12カ月のコースだけでなく、単品注文も可能。
http://www.airspice.jp/

オリジナルな「家庭の味」

ガラムマサラの基本的な調合

調合スパイス・ガラムマサラは、
インド料理をよりおいしくしてくれる、ひと振りの魔法です。
基本を覚えれば魔法の準備は完了。
あなたもお試しを！

さっと振りかけて使う用

炒め物、煮物、ドレッシングなどに。さっと振りかけて、幅広く使えるベーシックなガラムマサラです。

目指すべきはあなたによるあなたのためのガラムマサラ

僕がガラムマサラに使用するスパイスのうち、いくつかはローストしたものになっています。それは、香りに深みが増して料理にもなじみやすくなるから。左ページの調合は野菜の炒め煮、サブジなどの仕上げにさっとかけ、香りと辛味を足すのに便利です。

また、カレーなど煮込み料理の最後に加えることで、煮込んでいる間に飛んでしまった香りを補うというのもガラムマサラの重要な役割。右ページは、そんな肉＆野菜カレーに合った調合です。

なお、インドでは家庭ごとに食の好みや、健康状態、気候などに合わせてスパイスの調合を変えるなど、薬のような使い方もされています。僕の紹介した基本をもとに、あなたも好みの調合を探ってみてください。

肉＆野菜カレー煮込み用

肉カレーを中心に、主に煮込み料理の仕上げに使うガラムマサラです。ホールスパイスをミルなどでパウダーにします。

▼▲▼▲▼▲▼ 気になるあの店あの人のガラムマサラ ▼▲▼▲▼▲▼

「アショカ」の ナツメグが香り立つガラムマサラ

グリーンカルダモン23%、クローブ17%、ブラックカルダモン11%、シナモン11%、クミン11%、スターアニス6%、メース6%、コリアンダー6%、ローリエ6%、ナツメグ3%。アショカの北インド料理では、ナツメグの香りがポイントになるものが多いそう。このガラムマサラも、ナツメグが風味の決め手。チャナマサラやビリヤニなどに幅広く使えて、各種料理を風味豊かに仕上げます。

水野仁輔さんの歴代マイブーム スパイスのガラムマサラ

ブラックペッパー24%、グリーンカルダモン19%、ブラックカルダモン11%、シナモン8%、クローブ8%、メース8%、コリアンダー8%、クミン8%、スターアニス3%、カルパシ3%。「ガラムマサラは基本的に嗜好品だと思うので、自分のエゴで選びました」と水野さん。過去にハマってマイブームになったスパイスの集合になりました。カレーの仕上げに加えておいしくするスタンダードな使い方で。

塩味と酸味の調合スパイス

チャットマサラ

調味料として使う用

調理に使うよりも、野菜やフルーツ、揚げ物などを食べるときに少量をかけて使うミックススパイスです。

スパイスと塩が合わさったチャットマサラは、
ガラムマサラと並ぶ重要なミックススパイス。
硫黄臭の効いたブラックソルトがポイントです。

肉、野菜、フルーツに塩味＆酸味が決め手

塩味と硫黄臭の効いたブラックソルトと酸味のあるマンゴーパウダー、ローストしたクミンを中心に調合したスパイスミックスであり、調味料ともいえるもの。タンドリーチキンなどの焼いた肉、トマトやキュウリなどの生野菜に合います。また、日本でスイカに塩をかけるように、インドではフルーツにかけて使われることもあります。

風味がよくなる仕上げの基本

ミックススパイスは、調合後、すぐに使えばそれぞれの香りが立った状態で使うことができます。調合後、3日〜1カ月熟成させれば、香りがなじんで深みが出た状態で使えます。熟成は冷暗所に保管して。

〝パンチ〟の効いた香り

パンチフォロン

日本では聞きなれないこの名前も
東インドのベンガル料理では欠かせない存在。
シンプルに5種類のみで完成します。

魚のおいしさを引き出すため、ホールで調合するものなので、スタータースパイスとして油に香りを移して使います。

魚料理をおいしくする用

ベンガル料理に欠かせない5つの香りをもつスパイス

ベンガル地方でよく使用されるミックススパイスで、スタータースパイスとして使用されます。パンチが「5」、フォロンが「炒める」という意味。フェンネルの爽やかな香り、ニゲラとクミンの苦味、フェヌグリークの甘味と香ばしさ、ブラウンマスタードの辛味をうまく組み立ててひとつにしています。ニゲラ独特の苦味がパンチフォロンにも生きています。

僕が現地でベンガル料理を習った際も、パンチフォロンを使用した魚介料理によく出会いました。マスタードオイルの風味と相まって、素材のもつ味を引き出します。

ミックススパイス×BBQ

スパイス調合の応用編として、ミックススパイスを使ったバーベキュー料理に挑戦！
ソースを作ったり、マリネにしたりと多彩に楽しめます。

王道素材をインド風に！

BBQビーフ＆カレーソース

BBQの王道・ビーフを使った串焼きを、
いつもと違うアレンジの効いた味で楽しんでみては？
アメリカンではない、インディア風な
ソースをどうぞ。

ミックススパイスのソース

トマトと玉ねぎのカレーソース

BBQ ビーフによく合う野菜カレーソース。玉ねぎの甘味とトマトの酸味を生かし、
食感のアクセントにカリフラワーを使用した、北インドのスパイス香るソースです。

材　料　3～4人分

【始めのスパイス（ホール）】
グリーンカルダモン…3粒
クローブ…2粒
シナモンスティック…½本
【2度目のスパイス（パウダー）】
ターメリックパウダー…小さじ¼
ブラックペッパー…小さじ⅓
レッドチリパウダー…小さじ⅓

菜種油…大さじ2
玉ねぎ（みじん切り）…1個
ニンニク（すりおろし）…½片
ショウガ（すりおろし）…½片
トマト（みじん切り）…1個
水…200ml
グリーンチリ
（種は除いてみじん切り）
…1本
塩…小さじ½
カリフラワー
（小指の先大に切る）…70g
パクチー（みじん切り）…1枝
カシューナッツ（パウダー）
…大さじ3
ガラムマサラ…小さじ¼

作り方

❶フライパンに菜種油を中火で熱し、【始めのスパイス】を加える。油に十分に香りがついたら（目安はカルダモンが膨らんで黒ずんできたら）、火を止めてスパイスを取り除く。
❷フライパンに❶の香り油を中強火で熱し、玉ねぎを加える。炒めるというより焼く感覚で、ときどきかき回す程度にする。
❸10分ほどたって玉ねぎがきつね色になったら、ニンニク、ショウガと水大さじ3（分量外）、トマトを加え、水分を飛ばすように混ぜながら加熱しつづける。
❹❸がペースト状になったら【2度目のスパイス】、グリーンチリ、塩を加え、中火で3分ほど炒めてから水200mlを加える。煮立ったら、カリフラワーとパクチーを加える。カシューナッツパウダーを加え、塩（分量外）で味を調える。
❺汁気が飛び、トロトロになったらガラムマサラを加える。
▶食べやすいサイズに切った牛もも肉（600g）と、ゆでた皮つきじゃがいもを串刺しにして焼き、カレーソースをつける。

ワンモアレシピ

ザータソース

【材　料】（3～4人分）
エキストラバージンオリーブオイル…大さじ5
ザータ…大さじ3

【作り方】
材料すべてを混ぜ合わせる。
※ザータとはイスラエル、中東のミックススパイスでマジョラムと白ゴマを合わせたもの。焼いた肉のソースにしたり、ゆでた野菜に絡めたり、また卵料理にもよく使用されます。

スパイス使いに凝った ひと味違うBBQ

肉や魚介、野菜を屋外で焼くと、いつもと同じ食材もよりおいしく感じます。そんなバーベキューの花形はやはり牛肉。シンプルな塩・コショウやバーベキューソースもいいですが、玉ねぎの甘味とトマトの酸味、スパイスの風味豊かなカレーソースで食べてみてはいかがでしょう？　香ばしいザータソースもまたよく合いますよ！

香ばしいナッツがポイント！

ラムフレンチラック（ラムチョップ）BBQ

肉はやっぱり骨つきが旨い！
ナッツの入ったエジプトのミックススパイス「デュカ」をかけて、
ラムチョップと溶け合うおいしさを豪快に召し上がれ！

ミックススパイスの調味料

デュカ

ラムフレンチラックのおいしさを引き立てるナッツの風味とスパイスの香り。
ほかにも、さまざまな使い方ができるミックススパイスです。

材 料 10人分

コリアンダーシード…大さじ1
カシューナッツ…20g
クルミ…17g
クミンシード…小さじ1
ナツメグパウダー…小さじ¼
ブラックペッパーパウダー…小さじ¼
カルダモンパウダー…小さじ¼
塩…小さじ1

作り方

❶コリアンダー、カシューナッツをスパイスクラッシャーで砕く。
❷クルミも同様に砕いて、ボウルに別にしておく。
❸クミンシードをフライパンで乾煎りする。茶色になったところで、❶のコリアンダーとカシューナッツ、さらにナツメグとブラックペッパーを加えて、45秒ほどフライパンを揺すりながら煎ったら、❷のボウルに加える。
❹ボウルにカルダモンと塩を加え、混ぜ合わせる。
▶油をひいたフライパンで焼いて、焼き目をつけた骨つきラムチョップ（8本程度）を、200℃のオーブンで12分焼き、そのまま余熱で中まで温めたら、デュカを振りかける。オーブン焼きをしない場合は、ラムチョップを一本一本切り分け、フライパンで両面を焼くだけでもよい。

骨つきラムを中東のミックススパイスで

豪快に骨ごとかぶりつくラムチョップは、まさにBBQの醍醐味。塩にブラックペッパーとシンプルに食べるのもいいですが、さまざまなスパイスとも相性のよいラム肉。ここはラムやチキン、魚などに合う中東のミックススパイス「デュカ」を試してはいかが？ 滴る脂を楽しんだら、酸味の効いたカチュンバサラダで口直しを。

ワンモアレシピ

カチュンバサラダ

【材 料】（2人分）
クミンシード…小さじ1
キュウリ…1本
ミニトマト…黄・赤5個ずつ
赤玉ねぎ…½個
ブラックペッパー（粗びき）…小さじ⅓
カシミリチリパウダー…小さじ⅓
オリーブオイル…大さじ2
レモン（汁）…½個

【作り方】
①クミンシードは乾煎りし、スパイスクラッシャーで砕く。
②キュウリは1cm角のダイス切りに。ミニトマトは4等分、赤玉ねぎは1cm幅のざく切りにし、ボウルなどの混ぜやすい容器に入れておく。
③②でカットした野菜に①のクミンシード、ブラックペッパー、カシミリチリ（なければパプリカパウダー）を加え、手でしっかり揉み込む。
④オリーブオイルとレモン汁を加え、さらによく揉んでから冷蔵庫で味がなじむまで冷やす。

レアなラムを味わい尽くす

エジプタン・ラムアイオブロイン

希少部位アイオブロインをしっかりとマリネしてからレアに焼き上げた一品。
ラムの旨さを存分に堪能できます。

ミックススパイスのマリネ

ラムアイオブロインの中東風ヨーグルトマリネ

ラムアイオブロインは赤身100%のロース芯の部位。
脂がないのでラム独特の癖もなく、そしてやわらかく、酸味とスパイスの香りがおいしさを引き出します。

材　料　4人分

ラムアイオブロイン（ロース芯）
…500g
【マリネ液】
ヨーグルト…60g
ペパーミント（みじん切り）…10枚
玉ねぎ（みじん切り）…大さじ2
ニンニク（すりおろし）…小さじ1
ザータ…小さじ½
粒マスタードペースト…大さじ½
ターメリック…小さじ½
カルダモン
（種をたたいてパウダーに）…3粒
ブラックペッパー（ミルでひく）
…小さじ½
バルサミコ酢…小さじ2
塩…小さじ1

作り方

❶【マリネ液】の材料をすべて混ぜ合わせ、ラムアイオブロインを3時間ほど漬け込む。
❷オーブンを200℃に温め、❶のラムアイオブロインをマリネ液ごと天板に並べて焼く。溶けた脂がたまってマリネ液と混じってくるので、時折オーブンを開けて肉に回しかける。特に血がにじむ個所にかけることで、肉汁の流出が抑えられる。
❸ラムアイオブロインにプリプリとした弾力が出てきた頃合いでオーブンから取り出し、好みの厚さに切り、ガーニッシュ（付け合わせ）の野菜とともに盛りつける。

高級感のある
やわらか赤身肉を堪能

「アイオブロイン」は聞きなれない名だと思いますが、いわゆるロース芯の部位。希少な部位で、赤身らしい肉そのものの風味とやわらかさを同時に味わえます。ここでは中東でよく見られる、肉をヨーグルトを主体に各種スパイスなどでマリネする調理法を用いました。やわらかい酸味が、レアに焼き上げたラムを引き立てます。

ワンモアレシピ

ガーニッシュとドレッシング

【材　料】（3～4人分）
赤玉ねぎ（スライス）…適量
トマト（スライス）…適量
ベビーリーフ…適量
【ドレッシング】
クミン…小さじ2
エキストラバージンオリーブオイル…大さじ3
ココナッツビネガー（なければワインビネガー）…大さじ2
スマック…大さじ1

【作り方】
①クミンは少し色づくまで乾煎りし、スパイスクラッシャーなどで粗めに砕いておく。
②【ドレッシング】の材料を混ぜ、ガーニッシュの野菜（赤玉ねぎ、トマト、ベビーリーフ）にかける。
※スマックは、ウルシ科の果実を乾燥させたもの。赤ジソのふりかけに似た酸味がある、中近東で使われるスパイス。

オーブンで手軽に焼ける

タンドリーチキン BBQ

本来、タンドール（窯）で焼くタンドリーチキンも
オーブンを使えば手軽に作れます。
簡単、本格的な味をご家庭でもどうぞ！

ミックススパイスのマリネ

タンドリーチキン

インド料理店でおなじみ、パンジャブ地方を代表するスパイシーなタンドリーチキン。
チャパティやカレーに合わせたり、ビールのお供にも！

材　料 4人分

鶏もも肉…500g
ヨーグルト…200g
ニンニク（すりおろし）…1片
ショウガ（すりおろし）…1片
【スパイス】
タンドリーチキンパウダー…大さじ2
パプリカパウダー…小さじ2
塩…小さじ1
レモン（くし切り）…1個

作り方

❶ボウルにひと口大に切った鶏もも肉を入れ、ヨーグルト、ニンニク、ショウガ、ヨーグルト、【スパイス】のタンドリーチキンパウダー、パプリカパウダー、塩を加える。よく揉み込んでから2時間以上、冷蔵庫で漬け込む。
❷❶を取り出し、250℃に熱したオーブンで10分焼いたら裏に返し、さらに5分ほど焼く。中心まで火が通ったら出来上がり。食べる前に適宜、レモンをかける。

おかずに、つまみに、スパイシーなチキン

　ヨーグルトとスパイスでマリネすることで、肉はやわらかくかつスパイシーに。手間のかかるスパイス調合も、初めのうちはタンドリーチキン用に用意されたミックススパイスを使えば簡単・手軽。香ばしいデュカをドレッシングにしたサラダも合いますよ！
　タンドリーチキンパウダーは、カリフラワーやジャガイモなどの野菜、また魚などに使ってもOK。チキン同様、ヨーグルト、ニンニク、ショウガとともにマリネして焼きましょう。

ワンモアレシピ

ベビーリーフのサラダ

【材　料】（3～4人分）
ベビーリーフ…適量
【ドレッシング】
エキストラバージンオリーブオイル…大さじ3
バルサミコ酢…大さじ1
デュカ…大さじ1（P.73参照）
塩…適量

【作り方】
【ドレッシング】の材料をすべて混ぜ合わせ、サラダにかける。
※デュカがサラダのドレッシングになります。

ミックススパイスのマリネ

スパイスドポークON バスマティライス

芳香が漂うインドの高級長粒米・バスマティライスの上にスパイシーに焼き上げたポークを ON!
ワイルドにガツガツ食べたいひと皿です!!

基本形
+αの
スパイス
使い

材料 4人分

豚肩ロース…500g
塩…適量
ブラックペッパー…適量
パプリカ…2個
ライム（汁）…大さじ2
【マリネ液】
玉ねぎA（乱切り）…½個
ショウガ…1片（乱切り）
パクチー…2枝
グリーンチリ…3本
コリアンダーパウダー…小さじ2
ターメリックパウダー…小さじ½
パプリカパウダー…小さじ1
ライム（汁）…1個
黒糖…小さじ2
【ライス】
ココナッツオイル…大さじ1
玉ねぎB（粗みじん切り）…½個
バスマティライス…200g
ココナッツミルク…400ml
水…200ml
キッドニー豆缶…400g

作り方

❶豚肩ロースをひと口大に切ってボウルに入れ、塩とブラックペッパーをまぶしておく。
❷【マリネ液】の材料をフードプロセッサーで攪拌し、滑らかになったら❶のボウルに入れてよく揉み込み、冷蔵庫で30分以上漬け込む。
❸鍋に中強火でココナッツオイルを熱し、玉ねぎBを2分ほど炒める。
❹❸の鍋にバスマティライス、ココナッツミルク、水200mlを加え煮立てる。沸騰したらふたをして弱火で10分煮る。火を消して水分をきったらキッドニー豆を加え入れ、ふたをして弱火で1分ほど加熱し、火を消してふたをしたまま10分蒸らす。
❺バスマティライスを煮ている間に❶でマリネした肉とパプリカを串に刺し、グリルかフライパンで8分ほど、途中で串を返しながら中火で焼く。焼き上がり前にライムをかける。
❻煮上がったバスマティライスを皿に盛り、❺の肉を串ごとのせて、細かく刻んだパクチー（分量外）を好みで振りかける。

ライスに絡んだ脂も旨い 満足満腹ワイルドなひと皿

ポークを漬け込むマリネ液は、コリアンダー・ターメリック・カシミリチリというベーシックなスパイスに、パクチー・グリーンチリ・ライムを合わせた、シャンカール流の必勝パターン。そのスパイシーな肉に合わせるなら、やっぱりインドの長粒米・バスマティライス。肉からしみ出た脂がライスに絡んだところが、また旨いんです！

CHAPTER 5

ノグチ家の
スパイス料理
レシピ

ノグチ家のスパイス料理のベースとなっているのは、インド出身の祖父によるスパイス使いと、そのレシピを毎日の食卓に並べてくれた祖母の味。インド料理は大まかには東西南北の地域で分けることができ、元々のノグチ家の味は「北インド」を中心としたものでした。最後の章となるこの５章では、そんなノグチ家に伝わるスパイス料理と、インド各地の料理を研究するなかで、私なりに作り上げたレシピを紹介していきたいと思います。

ナイル善己
東京・銀座にある老舗インド料理店「ナイルレストラン」3代目。東京スパイス番長のメンバーとして、著者とともに幅広く活躍。著書に『南インド料理とミールス』（柴田書店）などがある。
ナイルレストランHP　http://www.ginza-nair.co.jp

3代目同士のスパイス対談

インド料理の〝南北問題〟とは？

東京スパイス番長メンバー、ナイル善己（ナイルレストラン）とシャンカール・ノグチ。いずれもインド人の祖父をもち、祖父同士も交流があったというふたり。
日本のスパイス＆インド料理界を背負って立つ3代目同士が、南インドと北インドのスパイス使いの違いを語り合いました。

シャンカール（以下 シ）　今日は僕のルーツの北インドと、善己のルーツになっている南インドのスパイス使いの違いについて、改めてどう違うか話したいんだ。
ナイル善己（以下 ナ）　まず人種が違うよね。インド人ってひと口にいっても実際はいろんな人種がいるじゃない。外見にしても南は俺みたいに色黒で背も小さくて、北はアーリア系でシャンカールみたいに大きくて美男子ぞろい！
シ　いきなりの誉め殺しやめてよ（笑）。
ナ　マジメな話、地域によって食の文化は本当に違うよね。ただ、ベジタリアンが多いっていわれている南にも、それが許容されているクリスチャンでもないのに実際には豚肉や牛肉を食べている人もいるんだよね。そういうアバウトなところもあるけれど、やはり地域によって特色はあるね。
シ　北は、使うスパイスの種類が多い。「辛い」というより「強い」効かせ方をするね。ギーやヨーグルトも使って濃厚な味。チャパティやロティを食べることが多いから、それに合わせてカレーの水分は少なめ。
ナ　それでいうと、南は米を食べる文化だから、水分の多いさらっとしたスープ状のカレーがほとんど。味もレッドチリ、グリーンチリ、マスタードなんかを使ったシャープな辛さ。暑い地域の料理だからね。あとは、カレーリーフを使うのも特徴かな。
シ　食材的にはどう？　北はチキン、マトンといった肉が多いけど。
ナ　南は海に囲まれているから海鮮素材には事欠かないわけで、ベジタリアンといっても魚はOKみたいなユルい人も多いね。それから、インド料理はダシを取らない代わりに油で味の深みを出すから、油をたくさん使う。北はギーだけど、南はココナッツオイルやゴマ油が多い。
シ　欧風カレーから始まった日本のカレーはそこまで油を入れないからね。インドカレーに浮いた油を見て引く人もいるけど、ああしないとインドの味にはならない。
ナ　そのとおり。インド料理はダシの代わりにしっかり油、しっかり塩、しっかり辛く、これが大事。どれも日本の家庭料理では腰が引けちゃうような量を使っていたり

天下一品の
テンパリングでキメる！

ナイル善己直伝
南インドのフィッシュカレー

ポイント

・スパイスはあらかじめ計量し、一度に入れられるよう準備しておく
・グリーンチリは種も捨てずに使う！
・テンパリングはあせらずしっかりと加熱

材　料　4人分

【パウダースパイス】
フェヌグリーク…小さじ1
コリアンダー…大さじ1
ターメリック…小さじ½
カシミリチリ…大さじ1
塩…小さじ1弱

【テンパリング素材】
赤玉ねぎ（みじん切り）…大さじ1
オリーブオイル…大さじ2
イエローマスタードシード…小さじ1
レッドチリ…4本
カレーリーフ…1枝（葉8枚ほど）
カシミリチリ…小さじ2

アジ…4尾
玉ねぎ（スライス）…1個
グリーンチリ（斜め小口切り）…3本
ニンニク（薄切り）…2片
ショウガ（薄切り）…1片
ココナッツオイル…大さじ3
トマト（2cm角ダイス切り）…1個
タマリンド…15g
ぬるま湯…500ml
ココナッツミルクパウダー…大さじ3

作り方

❶アジはゼイゴ、ワタを取ってブツ切りに。頭も使う。タマリンドはぬるま湯に浸け、ふやかしておく。
❷鍋にココナッツオイルを熱し、玉ねぎを中〜強火で炒める。水分が抜けてくると焦げやすくなるので、様子をみて弱火に。玉ねぎがしんなりしたら、グリーンチリとニンニク、ショウガを加える。玉ねぎの角が色づいたら（写真）、トマトを加えて炒め煮にする。

❸トマトが半分ほど煮くずれたら**【パウダースパイス】**を加える。
❹❶でぬるま湯に浸けておいたタマリンドは、湯の中で手で揉み、よくつぶし溶かす。種は取り除く。タマリンドを溶かした湯とココナッツミルクパウダーを鍋に加え、強火で煮立たせて揺する。その後、弱火で10分ほど煮込む。
※材料を加えたら必ず一度は強火にし、揺すって乳化させ、なじませる。このひと手間が大事！
❺アジを頭ごと加えて強火にし、煮立ったらふたをして弱火で煮込む。煮くずれないよう、このあとはあまり混ぜない。

【テンパリング】
❻別の鍋にオリーブオイルを強火で熱し、イエローマスタードシードを加える。マスタードがはねるので、ふたをする。パチパチ音が落ち着いたら、レッドチリとカレーリーフを枝ごと入れる。
❼❻にみじん切りの玉ねぎを加え、強火のまま鍋を揺すりながら焦げる寸前まで揚げ炒めにする。カシミリチリを加えて20秒ほどたったら、煮込んでいる❺の鍋に加える。

❽アジが煮くずれないよう、おたまなどを使わず、鍋自体を回すようにして混ぜ、塩で味を調える（塩はしっかり効かせたほうがおいしく仕上がる）。

するけど、それが専門店。その味を真似たいなら思い切って使うこと。って、インドの地域ごとの違いっていうか日本料理との違いになっているけどいいの？

シ　そうだね（笑）。でも、実は、今日来たのはほかにも目的があってさ。ナイルのところの、素晴らしいテンパリングについて知りたかったわけ。

ナ　どうしよう……。ケララ人シェフから直接学んだ技、ナイルレストランの企業秘密だよ。けど、ほかでもないシャンカールの頼みだし、特別に教えちゃおうかな！

バラエティに富んだインドの食文化がわかる!

東西南北インド料理マップ

話題の南インド料理をはじめ、インドの料理はとてもバラエティ豊か。
インドを4つの地域に分けて、それぞれの特徴を紹介します。

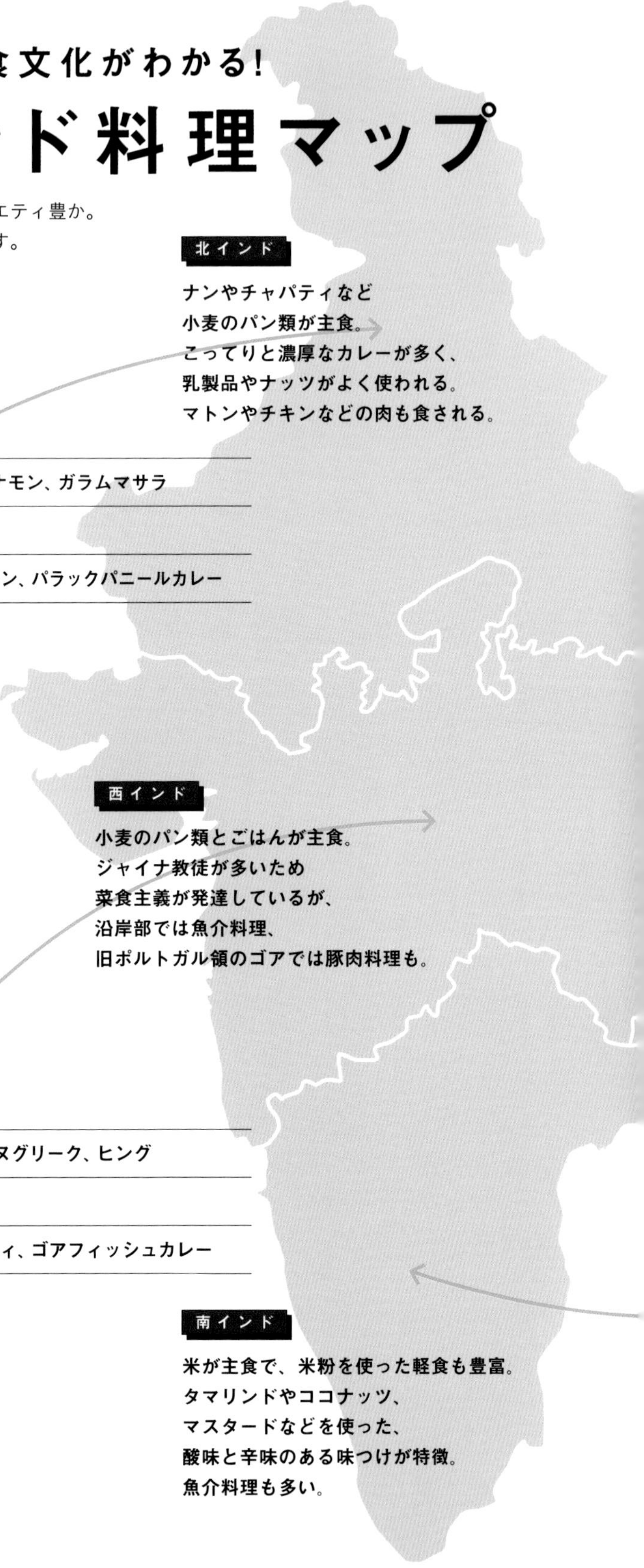

北インド

ナンやチャパティなど
小麦のパン類が主食。
こってりと濃厚なカレーが多く、
乳製品やナッツがよく使われる。
マトンやチキンなどの肉も食される。

レシピはP.092

北インド

定番スパイス	クミン、カルダモン、クローブ、シナモン、ガラムマサラ
使用オイル	菜種油、ギー
主なメニュー	バターチキンカレー、タンドリーチキン、パラックパニールカレー

ムガール料理

16～19世紀にインド大陸の大半を支配するに至ったムガール帝国の宮廷料理。ナッツやクリームをふんだんに使ったリッチな味わい。

パンジャブ料理

パキスタン国境に近いパンジャブ州は、インド有数の穀倉地帯。良質な小麦と乳製品をたっぷりと使用。タンドール料理の本場。

西インド

小麦のパン類とごはんが主食。
ジャイナ教徒が多いため
菜食主義が発達しているが、
沿岸部では魚介料理、
旧ポルトガル領のゴアでは豚肉料理も。

レシピはP.116

西インド

定番スパイス	クミン、ブラウンマスタード、フェヌグリーク、ヒング
使用オイル	ピーナッツオイル、紅花油、綿花油
主なメニュー	ポークビンダルー、チキンシャクティ、ゴアフィッシュカレー

グジャラート料理

数種類の野菜カレーを盛り合わせたグジャラート・ターリーが有名。菜食主義者が多いが、ヨーグルトなどの乳製品はよく使われる。

ゴア料理

ポルトガルに占領された歴史的経緯から、食文化にもキリスト教の影響が。インドでは珍しい豚肉料理「ポークビンダルー」が名物。

南インド

米が主食で、米粉を使った軽食も豊富。
タマリンドやココナッツ、
マスタードなどを使った、
酸味と辛味のある味つけが特徴。
魚介料理も多い。

レシピはP.112

東インド

定番スパイス	ブラウンマスタード、フェヌグリーク、フェンネル
使用オイル	マスタードオイル
主なメニュー	マスタードフィッシュカレー、かぼちゃと野菜のカレー、モモ

ベンガル料理

ごはんを主食とし、魚を使った料理が発達しているため、日本人にもなじみやすい。調合スパイスのパンチフォロンを使うのも特徴。

オリッサ料理

ベンガル湾の魚介を使った料理、レンズ豆や野菜を使った料理などが好まれる。朝食はパン類、昼・夕食はごはんを食べることが多い。

東インド

**多雨で稲作の盛んな
ベンガル地方の料理は、米が主食。
大きな川や海が多いため、
魚介料理のバリエーションが豊富で
マスタードオイルを使うのも特徴。**

同じインドでも地域によって食文化はこんなに違う！

外国から来た人が日本に降り立つと、味噌や醤油の香りを感じるといいます。僕たちがインドに降り立つときに感じるのは、やはりスパイスの香り。だからといって、インドの人は毎食同じカレーを食べているわけではありません。和食に味噌や醤油を使ったいろいろな料理があるように、インドにはスパイスを使ったいろいろな料理があるのです。しかも、インドの面積は日本の約9倍。広大な国土の北と南、西と東では、まったく異なる食文化が息づいているのです。

レシピはP.104

南インド

定番スパイス	ブラウンマスタード、カレーリーフ、タマリンド
使用オイル	ココナッツオイル、ゴマ油
主なメニュー	サンバル、ラッサム、ドーサ

タミルナドゥ料理

バナナの葉を皿にしてごはんを盛りつけ、複数のカレーやおかずをかけて、右手で混ぜ合わせながら食べる定食「ミールス」が有名。

ケララ料理

ココナッツの産地として知られるケララでは、ココナッツオイルやココナッツミルクを生かした料理が多い。魚介料理も多彩。

名店・名人のスパイス使いを拝見!

老舗「アショカ」に
北インドの濃厚な味を学ぶ

創業50年の歴史をもつ、北インド料理の老舗「アショカ」。
宮廷料理の流れをくむこの店で、濃厚でリッチなスパイス使いを発見！

現在の北インド料理は、16～19世紀のムガール帝国時代に大きく発展したムガール料理をベースとしています。

「ムガール料理は庶民の味ではなく、長きにわたって王族や軍人など限られた人たちが楽しむ宮廷料理でした。だから、当時、とても高価だったスパイスをふんだんに使うのです。さらに、ペルシャ料理の影響もあって、ナッツや乳製品も使った濃厚でリッチな味わいが特徴となっています」

北インドの料理についてそう語るのは、1968年創業の新宿「アショカ」代表であるB.S.バルマ氏。このお店は、ナンやタンドリーチキンを焼くのに欠かせないインドのタンドール窯を日本で初めて導入し、本格北インド料理を紹介した老舗です。

その「アショカ」で、スパイスの香り高い料理「ラムローガンジョシュ」の作り方を、伝授してもらいました。

アショカ

東京都新宿区西新宿6-6-2
東京ヒルトンインターナショナルB1
ヒルトピア内
TEL.03-3344-4588
営 11:30～14:30、17:00～22:00
無休

ラムローガンジョシュ

ナツメグをはじめとするスパイスの豊かな香りが
際立つ、高級感漂う贅沢な味。

材 料 6人分

ラム（モモ）…500g
トマト…中玉3個
玉ねぎ（粗みじん切り）…2個
サラダ油…1カップ
ニンニク（すりおろし）
…大さじ1と½
ショウガA（すりおろし）
…大さじ1と½
ヨーグルト…1と½カップ
パクチー（みじん切り）…適量
ショウガB（細切り）…適量

【始めのスパイス】
シナモンリーフ…2枚
ブラックカルダモン…3個
グリーンカルダモン…12個
クローブ…15個
シナモン…2片

【2度目のスパイス】
塩…大さじ1
ターメリック…大さじ1と½
レッドチリパウダー…大さじ1
コリアンダーパウダー
…大さじ1
カスリメティ…小さじ2
ガラムマサラ…大さじ1
ローステッドクミンパウダー
…大さじ1
ナツメグパウダー…小さじ1

❶トマトはぶつ切りにしてミキサーにかけ、ジュースにしておく。

❷鍋にサラダ油を強火で熱し、**【始めのスパイス】**を炒める。カルダモンが膨らんできたら、玉ねぎを加えて炒める。

玉ねぎの色はこれぐらい！

❸玉ねぎがきつね色になったら弱火にし、ニンニク、ショウガA、❶のトマトジュースを加える。

❹2分後、❸に**【2度目のスパイス】**を加える。混ぜたときに「カレーロード」（鍋肌の道）ができるまで煮詰めたら、ヨーグルトを加えて混ぜる。

❺ひと口大に切ったラムを加えて2分ほど炒める。水1と½カップ（分量外）を加え、弱火のまま40分〜1時間ほど煮込む。

❻器に盛り、パクチー、ショウガBをちらす。

もう一品

サモサ

スパイスの香りをまとったホクホクのジャガイモを
香ばしい衣で包んだ、ビールの進む一品。

材 料 4人分

【生地】
中力粉…1kg
アジョワンシード…小さじ1
塩…小さじ1と½
ギー（または溶かしバター）…大さじ3
水…1カップ

【具材】
ジャガイモ…4個
塩…小さじ2
ターメリック…小さじ2
レッドチリパウダー…小さじ1
クミンシード…小さじ1
パプリカ…小さじ1と½
コリアンダーパウダー…大さじ1
レモン汁…½個分
チャットマサラ…小さじ1

【その他】
サラダ油…小さじ3
クミンシード…小さじ2
ショウガ（粗みじん切り）…大さじ1と½
ピーマン（みじん切り）…大さじ2
グリーンピース…大さじ5
塩…適量

作り方

❶ボウルで**【生地】**の材料に水を加えてよくこねる。やや水けが足りず、かために感じるほどでちょうどよい。
❷生地を棒状にまとめ、端から切っていく。ゴルフボールより2周り大きいぐらいのサイズを目安に丸める。打ち粉をし、手のひらで円形に押しつぶす。めん棒で2mm程度の厚みに丸く伸ばす。
❸ジャガイモは蒸して皮をむいたら、ざく切りにし、ボウルで**【具材】**をさっくり混ぜておく。
❹フライパンにサラダ油を熱し、クミンシードを加え20秒ほど炒める。以降、20秒ごとに、ショウガ→ピーマン→グリーンピースの順に加える。
❺グリーンピースを加えて20秒後、❸を加えて軽くつぶしながら炒め、塩味が足りなければ足す（しっかりと塩味をつける）。焼き目がついたら、ボウルに引き上げる。
❻❷の皮を円錐形（アイスクリームのコーンの形）に丸め、中に❺を入れて包み、水をつけて口を閉じる。
❼160℃の油で4〜5分ほど、皮が黄金色になるまで揚げる。好みでケチャップなどのソースをかける。

名店・名人のスパイス使いを拝見!

「カッチャルバッチャル」に
和＋インド＝酒の肴を学ぶ

「カッチャル バッチャル」は、スパイス料理を肴に各種の酒が楽しめる店。
基本4スパイス（P.60参照）を中心としたシンプルなスパイス使いをチェック！

近頃、お酒を飲みながらスパイス料理やインドカレーを楽しめる「スパイスバル」が人気。そんな新しいスタイルで2010年にオープンし、人気店となったのが東京・大塚の「カッチャル バッチャル」です。

「そのころ僕自身が焼酎をよく飲んでいて、飲みながらスパイス料理をつまめる店にしたらおもしろいかなと思って。インド現地の味の再現ではなく、自分がおいしいと思えるこの店だけの味を提供できればと」

そう語るオーナーシェフの田村修司さんが生み出すスパイシーおつまみは、インド料理ベースに限らず、イタリアンや居酒屋メニューからの発想で生まれたものも。たとえば「イカときのこのスパイス炒め」。「イカのワタと醤油の旨味にスパイスを加えたらおいしくなるだろうと思って、実際に作ってみたら思ったとおりでした」

そんな会心作のレシピを教わりました。

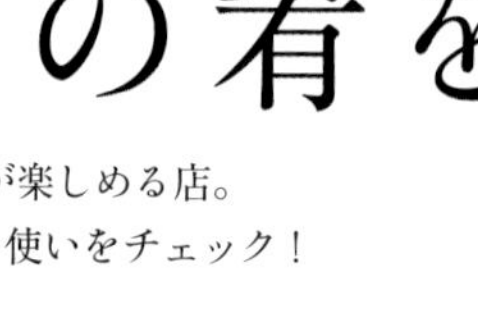

カッチャル バッチャル
東京都豊島区南大塚3-2-10
TEL.03-5954-5551
営 18:00～24:00
休 日曜日

イカときのこのスパイス炒め

醤油とスパイスの風味がとけあいながらも、
素材の旨味を最大限に生かした〝The つまみ〟な一品。

材　料　2～4人分

玉ねぎ…½個
シシトウ…4本
シイタケ…4個
エノキ…½パック
シメジ…½パック
スルメイカ…1杯
ニンニク（すりおろし）…大さじ½
ショウガ（すりおろし）…大さじ½
塩…小さじ½
【下準備のスパイス】
ターメリック…小さじ½
レッドチリパウダー…小さじ½
ブラックペッパー（粗びき）…小さじ½
コリアンダーパウダー…小さじ1
クミンパウダー…小さじ1
砂糖……小さじ½
醤油……小さじ2
サラダ油…大さじ2強
【始めのスパイス】
クミンシード…小さじ1
ブラウンマスタード…小さじ1
水…50ml
【仕上げのスパイス】
パクチー（みじん切り）…適量

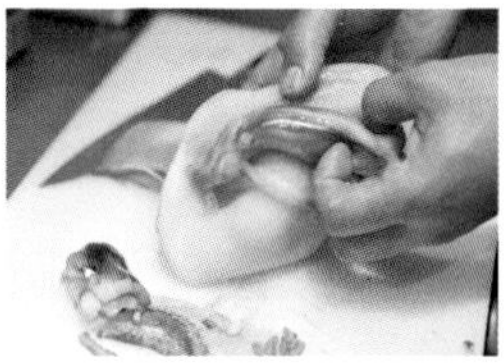

❶スルメイカはワタを取り、ひと口大に切る。ワタはボウルに絞り出しておく。玉ねぎはうすくスライス。シシトウはななめ小口切り。キノコは石づきを取る。シイタケは3～5mm厚に切り、エノキとシメジはほぐしておく。

❷ワタにニンニク、ショウガ、塩、**【下準備のスパイス】**、砂糖、醤油を加えて混ぜる。

❸フライパンにサラダ油を熱して**【始めのスパイス】**のクミンシードを、続いてブラウンマスタードを加えて炒める（マスタードがはねるので、必ずふたをかざす）。

❹シシトウ、イカ、❷、玉ねぎの順に加える。具材を加えるたびに、混ぜ合わせながら炒める。

❺シイタケ、シメジ、エノキを同時に加えて炒める。

❻水を加え、キノコがしんなりするまで炒める。盛りつけてレッドチリパウダー少々（分量外）、**【仕上げのスパイス】**のパクチーをちらす。

もう一品

エビと野菜のスパイス焼き

クミンシードにドライのバジルと
ディルの葉を合わせたスパイス使いによる、
エジプト・地中海風味のマリネ焼き。

材　料　4人分

エビ…4尾
ズッキーニ…⅓本
パプリカ…½個
ブロッコリー…2房
ナス…½個
エリンギ…½本
【マリネ】
エキストラバージンオリーブオイル…大さじ4
塩…小さじ1
ディルウィード…小さじ1
バジル（ドライ）…小さじ1
ブラックペッパー（粗びき）…小さじ½
クミンシード…小さじ1
ニンニク…小さじ½
ショウガ…小さじ½

作り方

❶エビは背ワタを取り、殻をむく。ズッキーニは輪切り、パプリカは細切り。ナス、エリンギは縦半分に切り、さらに横半分に切る。
❷ボウルで、【マリネ】材料をすべて混ぜ合わせ、❶を漬け込む。
❸❷のエビと野菜を串に刺し、タンドールで5分ほど400℃で焼く（家庭では魚焼きグリルで、10分を目安に焼く）。エビの身が白くなり、野菜に焼き目がつけばOK。
❹串から抜いて盛りつけ、好みでミントチャツネ（分量外）を添える。

名店・名人のスパイス使いを拝見!

旅する料理人・太田哲雄シェフに
南米式のスパイス使いを学ぶ

一流レストランで修業を積んだと思えば、今度は単身アマゾンへ……。
「旅する料理人」と呼ばれる太田哲雄シェフに、アマゾン仕込みのスパイス使いを学びます。

太田哲雄シェフは、イタリア、スペインで料理の基礎を学び、さらに南米へと渡ってさまざまな国の料理を学んできました。

「こんなシェフはまずいないでしょうから、自分にしかできない新しい料理をやっていきたいと考えています。破天荒料理人だと思われがちですが(笑)、料理を作るうえでの線引きはあるんですよ」

それは、奇をてらったもの、単なる組み合わせの合体料理は作らないこと。そして、伝統的手法を積み重ねたうえに、自分なりの可能性をもたせた料理を作ることです。

「そんな僕の、いま一番の興味の的は南米式のスパイス使い。料理界で注目を浴びているペルーは使うスパイスの種類も多く、南米原産であるレッドチリが充実。グルタミン酸がドライトマト並みに多い旨味たっぷりの天日干しのものもあったりします。それから、南米で採れるカカオも、実はスパイスとしても有用な存在なんですよ」

今回は、カカオをスパイスとして使ったレシピを紹介してもらいました。

タンドリーウズラ

アマゾンの野鳥をイメージしてウズラを使用。
カカオの香り・甘み・酸味をスパイスとして生かした、
濃密でスパイシーな太田流タンドリーチキン。

材 料 6人分

- ウズラ…丸鳥２羽
- ブラックペッパー…適量
- 塩…適量
- オリーブオイル…大さじ2
- カカオチャツネ（水を少し加えゆるめておく／ハチミツ、市販のチャツネで代用可）…小さじ2
- カカオパウダー…適量

【マリネ】

- アヒパンカ（トウガラシペースト）…大さじ3
- ヨーグルト（キッチンペーパーなどで脱水）…大さじ３
- カシミリチリパウダー…小さじ¼
- テジャチリパウダー…小さじ¼
- クミンパウダー…小さじ1
- パプリカ…小さじ1
- ニンニク（芯を取り軽くつぶす）…1片
- タンドリーミックススパイス…小さじ２
- 赤ワインビネガー…大さじ1
- チチャ（トウモロコシ酒）…50ml

❶ウズラはハサミを使って胸からふたつに開き、ブラックペッパーと塩で下味をつける。**【マリネ】**材料をすべて混ぜ、ウズラをマリネし半日〜1日漬け込む。

❷フライパンにオリーブオイルを中〜強火で熱し、ウズラ肉の両面に焼き目をつける。190℃に余熱したオーブンで5分ほど焼く。火を止めたフライパンはそのままにしておく。

❸ウズラを❷のフライパンに戻し中火にかけ、カカオチャツネを表面に塗るようにからめて5分焼く。

カカオをスパイスとして使う

❹皿に盛って、フライパンに残ったソースをかける。仕上げにカカオパウダーをかける（写真は塊を削っている様子）。

太田哲雄

1980年、長野県白馬生まれ。料理人を目指し19歳でイタリアに渡って以降、スペイン、ペルーと3カ国で通算10年以上の経験を積む。イタリアでは星付きレストランからミラノマダムのプライベートシェフなどを務め、スペインでは「エル・ブジ」、ペルーでは「アストリッド・イ・ガストン」などの一流レストランに勤務。現在はアマゾンカカオ普及のためにも活動している。著書に『アマゾンの料理人　世界一の〝美味しい〞を探して僕が行き着いた場所』（講談社）がある。

もう一品

セビーチェ風スープカレー

ペルーの代表料理セビーチェにスパイスを効かせて、
スープカレー風に。タイガーミルクのコクがポイント。

材 料 4人分

【タイガーミルク】

- カレイ（白身魚ならなんでも）の刺し身…200g
- セロリ（茎のみ／ピーラーで皮をむく）…1本
- 玉ねぎ…１個
- ショウガ（スライス）…2〜3枚
- 昆布も加えた白身魚のあら汁…600ml

【具材】

- ボタンエビ…4尾
- カレイの切り身…200g
- ホタテ貝柱…6個
- アサリ（砂抜きずみの貝殻付き）…400g

【その他】

- オリーブオイル…大さじ2／大さじ2
- チチャ（トウモロコシ酒／白ワインで代用可）…100ml
- ニンニク…2片
- 赤玉ねぎ（くし切り）…１個
- 塩…２つまみ
- ミニトマト（半分に）…10個
- パクチー（みじん切り）…適量
- カシューナッツ（砕いたもの）…適量
- レモン（汁）…適量

【テンパリングスパイス】

- イエローマスタード…小さじ1と½
- レッドチリホール…1本
- フェンネルシード…小さじ1
- ウラドダル…小さじ1
- セロリシード…小さじ½
- ディルシード…小さじ⅓

【パウダースパイス】

- コリアンダー…大さじ1
- クミン…小さじ1
- ターメリック…小さじ½
- グリーンカルダモン…小さじ1

作り方

❶**【タイガーミルク】**の材料をミキサーで攪拌し、ミルク状にする。
❷魚介の具材は食べやすい大きさに切っておく。
❸フライパンにオリーブオイルを強火で熱し、**【テンパリングスパイス】**を加えて香りを移す。
❹別のフライパンにオリーブオイルを強火で熱し、ニンニク、赤玉ねぎを加える。赤玉ねぎに火が通る前に**【パウダースパイス】**、塩を加える。
❺ニンニクの香りが立ったら❷のエビ、魚、ホタテを加えて炒め、チチャとアサリ（殻ごと）も加える。火が通ったエビと、アサリは殻が開いた順に一旦取り出しておく。
❻❶の**【タイガーミルク】**を混ぜながら加える。❸のオイル、ミニトマトを加えて煮込む。
❼ミニトマトに火が通ったら、取り出しておいた魚介を戻して3〜5分ほど煮る。皿に盛り、パクチー、カシューナッツをちらし、レモンを絞る（写真はバナナリーフの皿に盛りつけたもの）。

0. 下準備

食材の臭み消しやマリネなど下処理に

スパイスは調理を始める前、下準備の段階から活用できます。主な用途は、食材の臭みを消したり食材の香りを活かしたりする利用法。食材にまぶす、あるいはマリネ液などにして漬け込んだり、下ゆでに使う湯に入れたりもします。

調理のポイント

食材にまぶして使う場合は、ブラックペッパーなど辛味をつけるパウダースパイスと、塩のコンビネーション使いで。食材をマリネ液に漬け込む場合は、パウダースパイスを使うのがオススメです。

始めのスパイス

1. ホールスパイスを炒める

炒め油にスパイスの香りを移す

スパイスの香り成分は、水でなく油に溶けるもの。調理はホールスパイスを多めの油で炒め、油に香りを移す作業「テンパリング」から始めましょう。なお、この際に使うスパイスを「スタータースパイス」と呼びます。

調理のポイント

スタータースパイスの代表は、クミン、カルダモン、クローブ、シナモンなど。カルダモンがふっくらしてきて、クミンがプチプチ音を立てたら、次の段階に移る目安。絶えず混ぜて焦がさないようにすることが大切です。

2. ベースの食材を炒める

「カレーロード」の開通を目指して

香りを移した油で、玉ねぎ、ニンニク、ショウガ、トマトなどを炒めて「味」を作ります。大事なのは水分を飛ばし、旨味・甘味を凝縮すること。焦げ付かないよう中強火で、焦げそうになったら大さじ2〜3の水を加えかき混ぜます。

調理のポイント

トマトを炒めて十分に水分が飛ぶと、中心を木べらで切るように分けた際、瞬時に戻らずしばらくそのまま鍋底に″道″が残ります。この道「カレーロード」(命名：東京カリ〜番長) が残るか否かを目安にするといいでしょう。

スパイスカレー作りの流れ

難しそうなスパイスカレー作りも、スパイスを入れるタイミングさえわかれば案外カンタン。
香りと味を重ねて組み立てていく。そんなイメージで作ってみましょう。

3.

2度目のスパイス

パウダースパイスを加える

パウダーは食材に絡めて

始めのスパイスの香りにベースの味を乗せたら、2度目のスパイスでさらに香りを乗せていきます。ホールよりも香りが立ちやすい半面、香りが飛びやすく焦げ付きやすいパウダー・粗びきのスパイスは、この段階で加えましょう。

調理のポイント

代表的な2度目のスパイスは、レッドチリパウダー、コリアンダーパウダー、ターメリックパウダー、クミンパウダーなど。スタータースパイスと違い、油に直接入れず、他の食材にのせて絡めるように混ぜていきます。

4.

具を炒めて煮込む

「味」を決める最後のパート

ここまで香りと味を積み重ねたところで、肉や野菜などの具を加えて炒めはじめます。その後、水分となる水やブイヨン、ココナッツミルク、ヨーグルトなども加え、煮込んでいきます。「味」の濃さもここで決めたいところです。

調理のポイント

インド料理では、さほど長い時間煮込まないカレーも多いもの。まずはレシピに忠実に作ることを心がけましょう。この工程でほぼ完成となるので、煮込みの最後で塩加減などの「味」もしっかり調えましょう。

5.

仕上げのスパイス

締めにスパイスを加える

仕上げのスパイスでおいしく仕上げる

塩加減まで決めたあとも、最後の最後まで「香り」にこだわるのがスパイスカレー。瞬時に香りが立つパウダーや粗びきのスパイス、あるいはフレッシュスパイス（ハーブ）を刻んだものを使い、仕上げに加えます。

調理のポイント

仕上げのスパイスには、加熱せずに使えるガラムマサラを加えたり、カレーリーフを加えてちょっと煮込んだりします。パクチーなどを刻んで使うことも多いですね。さらに、テンパリングした油を加える場合もあります。

その他のポイント

玉ねぎを炒めるコツ

玉ねぎを炒めるときは、中強火でスタート。炒めるというより「焼く」イメージで、あまりかき混ぜずに水分を飛ばします。焦げ付いてしまわない程度にしばらく放置して、かき混ぜる。その作業を繰り返します。玉ねぎがきつね色になる前に、鍋底に焦げ付きそうになった場合は、火を弱めたり、水少々（分量外）を加えたりして対処しましょう。

ヨーグルトの使い方

ヨーグルトは無糖のプレーンヨーグルトを使用します。インドの料理人は「ヨーグルトを使う前に、必ずよくかき混ぜておくことが大切」と口をそろえます。分離しているヨーグルトをひとつにまとめ、クリーミーにします。

出来上がりの目安

カレーの表面に赤みを帯びた油が分離して浮いてきたら、出来上がりの合図。上の[5.]の写真を、よく見てみてください。表面の色がところどころ赤くなっているのがわかりますか？

チャパティ

ジャガイモとキャベツの
サブジ

ノグチ家の定番メニュー

北インド

祖母が作ってくれたパンジャブの味

僕が子どものころ、台所を支えていたのは北インド生まれの祖父に料理を教わった祖母でした。食卓にはこんな料理がよく並びました。

チキンカレー

HOW HOT?

インドを代表するスタンダードなカレー。僕が特に好きなカレーのひとつでもあります。

材 料 4人分

【始めのスパイス(ホール)】
シナモン…1本
グリーンカルダモン…3個
クローブ…5粒
クミンシード…小さじ½
【2度目のスパイス(パウダー)】
コリアンダー…大さじ1
クミン…小さじ2
ターメリック…小さじ1
レッドチリパウダー…小さじ½
【仕上げのスパイス】
パクチー(みじん切り)…2枝
ガラムマサラ…小さじ⅔

鶏もも肉(ひと口大に切る)…500g
ブラックペッパー
(パウダー)…少々
菜種油…大さじ3
玉ねぎ(みじん切り)…2個
ニンニク(すりおろし)…1片
ショウガ(すりおろし)…1片
トマト(1cm角ダイス切り)…1個
塩…小さじ1
無糖ヨーグルト
(よく混ぜたもの)…300g
水…200ml

水分が飛ぶと粘度が高くなり、木べらで道が作れる。これが、東京カリ~番長が命名した「カレーロード」。

作り方

❶鶏もも肉をボウルに入れてブラックペッパーと塩(分量外)を振り、1時間以上置いておく。
❷鍋に菜種油を中火で熱し、**【始めのスパイス】**を加える。グリーンカルダモンがぷっくりしてきたら、玉ねぎを加える。
❸玉ねぎは中強火でキツネ色になるまで炒める。加減を見て徐々に火を弱くし、焦げそうになったら水少々(分量外)を加える。
❹ニンニク、ショウガと水大さじ2(分量外)を加え、2分炒めてニンニクの香りが立ってきたらトマトを加える。トマトが煮崩れ、全体がペースト状になったら(写真)火を弱め、**【2度目のスパイス】**と塩を加える。
❺中火で2分ほど炒めたら❶を加える。
❻中強火に戻し3分ほど炒め合わせたら、ヨーグルトと水を加える。煮立ったらふたをし、弱火で30分ほど煮込む(途中、何度か鍋底からこそげるように混ぜる)。
❼塩(分量外)で味を調えたら、**【仕上げのスパイス】**のパクチーを加えて2分ほど煮込み、さらにガラムマサラを加えてさっと混ぜる。

チャパティ

HOW HOT?

北インドや西インドの家庭でよく食べられているのが、無発酵パンのチャパティです。

材 料 4人分(12枚)

全粒粉…650g
塩…小さじ2
水…450ml
サラダオイル…少々
打ち粉用の全粒粉…適量

P.14❷で紹介しているようなのし棒と台があると便利。

作り方

❶ボウルに全粒粉、塩、水を入れ、ひとかたまりになるまでよく練る。
❷手にサラダオイルを塗り、押し込むように3分ほどこねる(写真)。
❸ラップを生地の表面に密着させるようにかけ、30分ほどねかせる。
❹生地を12等分し、丸める。
❺調理台に打ち粉をして、中心から外にのばして5mm程度の厚さにする。
❻油を加えずにフライパンを強火で熱し、生地を入れて片側を30秒ほど焼く。焼き目がついたら裏に返して、さらに40秒ほど焼き目がつくまで焼く。

ジャガイモとキャベツのサブジ

HOW HOT?

僕の祖母が得意だった思い出の味。キャベツの甘さ、ジャガイモのほっこり食感を楽しんで！

材料 4人分

【始めのスパイス（ホール）】
クミンシード…小さじ1
【2度目のスパイス（パウダー）】
ターメリック…小さじ½
コリアンダー…大さじ1
レッドチリパウダー…小さじ½

菜種油…大さじ3
ニンニク（みじん切り）…1片
ショウガ（みじん切り）…1片
玉ねぎ（みじん切り）…2個
グリーンチリ
（種を取りみじん切り）…2本
塩…小さじ1
水…200ml
ジャガイモ
（4等分に切り固ゆで）…4個
キャベツ（芯は切り落とし、
3cm角に切る）…⅓個

キャベツに焼き目がついたら、もうすぐ完成。

作り方

❶鍋に菜種油を中火で熱し、**【始めのスパイス】**を加える。
❷クミンシードがプチプチ弾ける音が終わったら、ニンニクとショウガを加え、こんがりと炒め揚げする。
❸中強火にして玉ねぎを加え、きつね色になるまで10分ほど炒める。
❹**【2度目のスパイス】**とグリーンチリ、塩を加え、中火で3分ほど炒める。
❺水200mlを加え、煮立ったらジャガイモとキャベツを加えて中火で炒める。鍋肌についた焦げも旨味になるので、こそげ落としながら。
❻キャベツに焼き目がついたら、塩（分量外）で味を調える（写真）。

らっきょうのアチャール

HOW HOT?

日本のカレーにつきものの「らっきょう」。インドカレーに添えるならインド流のこの味で。

材料 4人分

【始めのスパイス】
クミンシード…小さじ2
【2度目のスパイス】
ターメリック…小さじ½
レッドチリパウダー…小さじ2

菜種油…大さじ5
塩…小さじ2
らっきょう（半分に切る）
…25個（※島らっきょうでも可）
グリーンチリ（ヘタを取って
斜め小口切り）…4本
湯…大さじ2
レモン（汁）…2個分

パウダースパイスを入れるときは、焦げないよう弱火にする。

作り方

❶フライパンに菜種油を中強火で熱し、**【始めのスパイス】**を炒める。
❷クミンシードがプチプチ弾ける音が終わったら、弱火にして**【2度目のスパイス】**と塩を加え（写真）、鍋中を30秒ほど絶えず混ぜ合わせる。黒く焦げそうになったら火元からフライパンをすぐに外し、次の工程に移る。
❸らっきょうとグリーンチリ、湯を加えて中火で炒め煮にする。全体に油がまわって照りツヤがよくなったら、レモン汁を加えてさらに1分ほど炒める。
※保存容器に入れて冷蔵保存すれば1週間程度もちます。

ノグチ家の定番メニュー

北インド

パンジャブ料理を中心にしたターリー

おなじみのバターチキンカレーは、
パンジャブ料理の中でも大人気のメニュー。
この地の料理をメインに、
北インドの定食「ターリー」にしました。

バターチキンカレー
（オリジナル・バージョン）

ベイガンバルタ
（ナスのペーストカレー）

アルゴビ（ジャガイモとカリフラワーのカレー）

HOW HOT?

穏やかな辛さで水けの少ないこの野菜カレーは、ライスよりチャパティに合います。

材　料　4人分

【始めのスパイス（ホール）】
クミンシード…小さじ½
【2度目のスパイス（パウダー）】
コリアンダー…小さじ2
クミン…大さじ1
ターメリック…小さじ1
レッドチリパウダー…小さじ½

ジャガイモ（ひと口サイズに切る）…4個
カリフラワー…⅓房
菜種油…大さじ3
玉ねぎ（みじん切り）…大1個
ニンニク（すりおろし）…1片
ショウガ（すりおろし）…1片
トマト（1cm角ダイス切り）…中1個
グリーンチリ（みじん切り）…1本
パクチー（みじん切り）…1枚
塩…小さじ1
水…100ml

クミンシードが弾ける音がやんだら、次の工程へ。

作り方

❶ジャガイモはゆでる。カリフラワーは小房に切り分け、かためにゆでる。他の野菜も切る。
❷鍋に菜種油を中火で熱し、【始めのスパイス】を加える。
❸クミンシードが色づいてプチプチ弾ける音が終わったら（写真）、玉ねぎを加えてきつね色になるまで炒める。
❹ニンニクとショウガを加えて香りが立ったら、トマトを加える。トマトが溶けて全体がペースト状になったら、【2度目のスパイス】とグリーンチリ、塩と水（大さじ2／分量外）を加え、3分ほど炒める。
❺ゆでたジャガイモ、カリフラワー、パクチーを加えて炒め合わせる。
❻水を加えて煮立ったら弱火にし、ふたをして4分ほど煮込む。途中、2回ほどふたを開け、鍋底からかき混ぜる。
❼塩（分量外）で味を調える。

バターチキンカレー（オリジナル・バージョン）

HOW HOT?

日本でも人気となった北インドの定番カレー。濃厚なコクを楽しんでみてください！

材　料　4〜5人分

【鍋Aの煮込みスパイス（ホール）】
シナモンスティック…1本
グリーンカルダモン…6粒
クローブ…12粒
メース…2g
ローリエ…1枚
フェンネル…小さじ½
【鍋Bの始めのスパイス（ホール）】
クミンシード…小さじ½
【鍋Bの2度目のスパイス】
パプリカパウダー…小さじ1
レッドチリパウダー…小さじ½
カスリメティ…小さじ1

鶏もも肉…400g
ヨーグルトA（無糖）…200g
タンドリーチキンパウダー…大さじ1
塩…小さじ1
ヨーグルトB（無糖）…100g
カシューナッツ…100g
バター…150g
トマト（1cm角に刻む）…4個
ニンニク（すりおろし）…1片
ショウガA（すりおろし）…2片
ショウガB（みじん切り）…1片
水…100ml
生クリーム…大さじ1

鶏もも肉は、あらかじめしっかり漬け込んでおこう。

作り方

❶鶏もも肉をひと口サイズに切り、ヨーグルトAとタンドリーチキンパウダーと塩を混ぜたマリネ液に2時間以上漬け込む（写真）。カシューナッツはヨーグルトBと合わせ、ミキサーで攪拌してペーストにする。
❷鍋Aにバター半量（75g）を溶かし、【鍋Aの煮込みスパイス】を加えて中火で熱する。グリーンカルダモンがぷっくりと大きく膨らんで、スパイスとバターの香りがしてきてたら、トマト、ニンニク、ショウガAを加える。煮立ったら中火弱にして15分ほど煮込む。
❸鍋Aの材料をザルですりつぶすように漉してソース状にする。ザルに残ったスパイスやトマトの皮は捨てる。
❹別の鍋（鍋B）で残りのバターを溶かし、【鍋Bの始めのスパイス】を加えて熱する。クミンシードがプチプチ弾ける音が終わったら、ショウガBを加える。ショウガがきつね色になったら❶の鶏肉を漬け汁ごと加え、鶏肉の表面を焼いたら❸のソースを加える。
❺10分ほど煮込んだら、❶のカシューナッツペースト、水、【鍋Bの2度目のスパイス】を加えて、さらに15分ほど中火弱で煮込む。
※最終的な水分量はここの煮込み具合で調整する。酸味・コクが欲しい場合は水の代わりにトマトジュースを使うのもよい。
❻塩（分量外）で味を調え、2分ほど煮る。生クリームを加え、さらに1分ほど煮込む。

ベイガンバルタ（ナスのペーストカレー）

HOW HOT?

グリーンペッパーの鮮烈な風味を楽しむカレー。バゲットに塗ればワインのおつまみにもなります。

材　料　4人分

【始めのスパイス（ホール）】
クミンシード…小さじ1
【2度目のスパイス（パウダー）】
コリアンダー…大さじ2
ターメリック…小さじ1
レッドチリパウダー…小さじ½
【仕上げのスパイス】
デュカ…適量（※ナッツを使ったミックススパイス／P.73参照）

ナス…4本
パクチー（葉・茎・根／みじん切り）…2枝
グリーンペッパー（生コショウ）…7粒
オリーブオイル…大さじ4
ニンニク（みじん切り）…1片
ショウガ（みじん切り）…1片
玉ねぎ（みじん切り）…2個
トマト（1cm角ダイス切り）…2個
塩…小さじ1
レモン（汁）…½個

生のグリーンペッパーは、スパイスクラッシャーなどで軽くつぶしておく。

作り方

❶ナスに包丁で切り目を入れ、魚焼き器などで10分ほど焼く。焼けたら皮を剥ぎ、実の部分を包丁でたたきペースト状にする。パクチーは葉・茎のほか、根も洗ってみじん切りにし、別に取っておく。グリーンペッパーは軽くつぶす（写真）。
❷鍋にオリーブオイルを中強火で熱し、**【始めのスパイス】**を加える。クミンシードがプチプチ弾ける音が終わったら、ニンニク、ショウガ、パクチーの根を加えて炒める。ニンニクの香りが立ってきたら、玉ねぎを加えて炒める。
❸玉ねぎがきつね色になったら、トマトを加える。
❹トマトが煮溶けてペースト状になったら弱火にし、**【2度目のスパイス】**と塩を加えて中火で3分ほど炒める。
❺鍋に❶のナスとグリーンペッパーを加える。全体を10分ほど中弱火で炒め合わせたらレモン汁を加え、さらに2分ほど炒める。
❻**【仕上げのスパイス】**のデュカをたっぷりちらす。

チャナマサラ（ひよこ豆のカレー）

HOW HOT?

水に浸すだけで下処理ができるひよこ豆のカレー。肉を使わずやさしい味で、おなかもいっぱいに。

材　料　4人分

【始めのスパイス（ホール）】
クミンシード…小さじ½
【2度目のスパイス（パウダー）】
コリアンダー…大さじ1
クミン…小さじ1
ターメリック…小さじ1
レッドチリパウダー…小さじ½
パプリカ…小さじ1
チャットマサラ…小さじ½
【仕上げのスパイス】
パクチー（みじん切り）…½枝

ひよこ豆…2カップ
水…100ml
塩A…小さじ½
レッドチリパウダー…小さじ½
菜種油…大さじ3
玉ねぎ（みじん切り）…1個
ニンニク（すりおろし）…1片
ショウガ（すりおろし）…½片
トマト（1cm角ダイス切り）…1個
グリーンチリ（みじん切り）…3本
塩B…小さじ1
レモン（汁）…大さじ1
カスリメティ…小さじ1
ミニトマト（ダイス切り）…少々

ひよこ豆をゆでるときは、塩とレッドチリパウダーを入れる。

作り方

❶ひよこ豆を4時間以上（できれば一晩）水（分量外）に浸しておく。その後、水1L（分量外）に塩Aとレッドチリパウダーを加え（写真）、ひよこ豆がやわらかくなるまでゆでる。ゆで上がったらザルにあげて水をきっておく。
❷鍋に菜種油を中火強で熱して**【始めのスパイス】**を炒め、クミンがプチプチ弾ける音が終わったら玉ねぎを加える。
❸玉ねぎがきつね色になったらニンニクとショウガを加え、ニンニクの香りが立ったらトマトとグリーンチリを加える。
❹トマトが煮溶けてペースト状になったら弱火にして**【2度目のスパイス】**と塩Bを加え、3分ほど炒める。
❺鍋に❶のひよこ豆と水100mlを加える。中弱火で5分ほど、ひよこ豆をつぶしながら全体と炒め合わせる。レモン汁とカスリメティを加え2分ほど炒めたら塩（分量外）で味を調える。
❻**【仕上げのスパイス】**とミニトマトをトッピングして完成。

パラックパニール
カレー

ノグチ家の定番メニュー

北インド

ムガール料理の流れをくむリッチな味

マイルドでクリーミーな「コルマ」など、
ムガール帝国の宮廷料理をルーツにもつインド料理。

キーマカレー 6.8

ラムチョップコルマ

ダル サーグ

パラックパニールカレー

HOW HOT?

ほうれん草のカレー。ペーストを作る手間がかかる分、深い味わいが楽しめます。

材　料　4人分

【始めのスパイス（ホール）】
クミンシード…小さじ1
【2度目のスパイス（パウダー）】
コリアンダー…小さじ2
クミン…小さじ1
ターメリック…小さじ1
レッドチリパウダー…小さじ½
【仕上げのスパイス】
ガラムマサラ…小さじ½

ほうれん草…2束
パクチー（粗みじん切り）
…3枝
ディルリーフ（粗みじん切り）
…½カップ
バター…大さじ4
玉ねぎ（みじん切り）…1個
ニンニク（すりおろし）…1片
ショウガ（すりおろし）…1片
トマト（1cm角ダイス切り）…1個
塩…小さじ1
モッツァレラチーズ
（1個あたり4等分に切る）…2個
【トッピング】
生クリーム…大さじ1
パクチー（みじん切り）…適量
ディルリーフ（みじん切り）…適量

ゆでたほうれん草は、
必ず粗熱をとってから
ミキサーに入れよう。

作り方

❶ほうれん草はひたひたの水（分量外）でやわらかくなるまでゆで、水をきる。粗熱をとってざく切りにし、パクチー、ディルリーフと一緒にミキサーで攪拌してペーストにする（写真）。
❷鍋にバターを中火で溶かし、【始めのスパイス】を加える。クミンシードがプチプチ弾ける音が終わったら、玉ねぎを加え炒める。
❸玉ねぎがきつね色になったら、ニンニク、ショウガを加える。ニンニクの香りが立ってきたら、トマトを加える。
❹トマトが煮溶けてペースト状になったら弱火にして【2度目のスパイス】と塩を加え、中火にして3分ほど炒める。
❺鍋全体がなじんだら❶のペーストを加え、よく混ぜる。煮立ったら弱火にして10分ほど煮る（焦げ付き防止にときどき鍋底からかき混ぜる。また、カレーが飛び散るようであれば半分ほどふたをする）。
❻モッツァレラチーズと【仕上げのスパイス】を加えて、ひと混ぜしたら塩（分量外）で味を調える。
❼トッピングの生クリームをかけ、その上にパクチー、ディルリーフを散らす。

キーマカレー6.8

HOW HOT?

「6.8」とはキーマカレーのひき肉の理想的なひき方。できればお肉屋さんで「6.8mmで」とお願いしてみて！

材　料　4～5人分

【始めのスパイス（ホール）】
クミンシード…小さじ½
【2度目のスパイス（パウダー）】
コリアンダー…大さじ2
クミン…小さじ2
ターメリック…小さじ1
レッドチリパウダー…小さじ½
【仕上げのスパイス】
ガラムマサラ…小さじ½

菜種油…大さじ3
ニンニク（みじん切り）…2片
ショウガ（みじん切り）…1片
パクチー（みじん切り）
…2枝（※根は洗ってみじん切りにし、別にとっておく）
玉ねぎ（みじん切り）…大2個
トマト（1cm角ダイス切り）…1個
グリーンチリ（みじん切り）…2本
塩…小さじ1
合いびき肉…400g
水…150ml
ライム（汁）…½個

玉ねぎの炒め具合は、
この写真の「きつね色」
を目安に。

作り方

❶鍋に菜種油を中火強で熱し、【始めのスパイス】を加える。クミンシードがプチプチ弾ける音が終わったら、ニンニク、ショウガ、パクチーの根を加える。
❷ニンニクが色づき香り立ったら、玉ねぎを加える。
❸玉ねぎをきつね色になるまで炒め、次にトマトとグリーンチリを加え中火で炒める（写真）。
❹トマトが煮溶けてペースト状になったら火を止め、【2度目のスパイス】と塩を加えて混ぜ合わせる。
❺中火で3分ほど炒めたら、合いびき肉を加えて炒める。
❻全体がなじんだら水を加えて混ぜ、煮立ったらふたをして中弱火で8分ほど煮る。途中、焦げ付かないように何度か底からかき混ぜる。
❼パクチー（葉・茎のみじん切り）、ライム汁を加える。
❽オレンジ色の油が浮いてきたら、【仕上げのスパイス】のガラムマサラを加える。塩（分量外）で味を調え、軽く混ぜ合わせる。

ラムチョップコルマ

HOW HOT?

濃厚でリッチな味わいは、おもてなし料理にもぴったり。ラムって、とてもおいしい肉なんですよ！

材料 4人分

【ヨーグルトペースト】
ヨーグルト…250g
玉ねぎA（乱切り）…½個
ポピーシード…大さじ2
コリアンダーパウダー…大さじ4
カシューナッツ…50g
ガラムマサラ…小さじ1
グリーンカルダモンパウダー…小さじ1
シナモンパウダー…小さじ1
【仕上げのスパイス】
パクチー（ざく切り）…適量

ラムチョップ…8本
ニンニク（すりおろし）…2片
ショウガ（すりおろし）…2片
塩…小さじ½
バター…150g
玉ねぎB（スライス）…1と½個
お湯…200ml

ナッツが入ることで、コクのあるリッチな北インドの味に！

作り方

❶ニンニクとショウガは、あらかじめよく混ぜておく。ラムチョップはボウルに入れ、ニンニク・ショウガ、塩を加えてマリネし、冷蔵庫で2時間ほど漬け込む。
❷ミキサーに【ヨーグルトペースト】の材料を入れ、攪拌する（写真）。まずヨーグルトからミキサーに入れると混ざりやすい。
❸フライパンにバターを中火で溶かし、玉ねぎBを加えてきつね色になるまで炒める。
❹ラムチョップの両面に焼き目がつくまでしっかり炒め焼いたら、❷のペーストとお湯200mlを加える。
❺煮立ったらふたをして40分ほど煮込む（ときどき鍋底から木べらでこそげる）。
❻ラムチョップに火が通ったら塩（分量外）で味を調え、【仕上げのスパイス】を散らして少しだけ煮込む。

ダル サーグ

HOW HOT?

ほうれん草をモロヘイヤに替えて。豆の甘みにヒングのコクが調和します。

材料 4人分

【始めのスパイス（ホール）】
ブラウンマスタード…小さじ1
クミンシード…小さじ½
【2度目のスパイス（パウダー）】
コリアンダー…小さじ2
クミン…小さじ1
ターメリック…小さじ⅓
ヒング（アサフェティダ）…小さじ¼

ムングダル…200g
水…600ml
菜種油…大さじ3
ショウガ（すりおろし）…1片
グリーンチリ（1cm幅に切る）…2本
玉ねぎ（みじん切り）…1個
モロヘイヤ（葉のみをざく切り）…100g
塩…適量

そのままでは"悪臭"ともいわれるヒングの香りも、油で加熱すると"芳香"に変身。ニンニクや玉ねぎを思わせる独特のコクをもたらす魔法のスパイスなのです。

作り方

❶ムングダルは30分ほど水（分量外）に浸したあと、水をきっておく。【始めのスパイス】と【2度目のスパイス】は、それぞれひとつの器に入れて合わせておく。
❷ムングダルを鍋に入れ、水600mlを加えて沸騰させる。煮立ったら中弱火にし、ムングダルがやわらかくなり崩れるまで煮込む。
❸フライパンに菜種油を中火で熱して【始めのスパイス】を加え、ふたをしてスパイスを弾けさせる。音が静まったら弱火にして【2度目のスパイス】を加え（写真）、木べらなどでさっと混ぜ、すぐにショウガ、グリーンチリ、玉ねぎを加えて、回すように混ぜながら中火で5分ほど炒める。
❹❷の鍋の中に❸を加え、全体がなじんだらモロヘイヤを加えてかき混ぜる。3分ほど炒めてモロヘイヤに火が通ったら、塩で味を調える。

インゲンのトーレン
ケララシュリンプカレー

ノグチ家の定番メニュー

南インド

ベジメニュー主体のミールス

南インドの味噌汁「サンバル」と
辛くて酸っぱいスープ「ラッサム」、
カレーや副菜でごはんを食べる定食「ミールス」。

サンバル

HOW HOT?

日本でいうところの「味噌汁」的存在。南インドの食卓にいつも並ぶスープ。

材　料　4人分

【下準備スパイス】
ターメリック…小さじ1
【パウダースパイス】
コリアンダー…大さじ1
レッドチリパウダー…小さじ½
ヒング…小さじ⅓
【テンパリングスパイス】
ココナッツオイル…大さじ3
ブラウンマスタード…小さじ1
レッドチリ（ホール）…1本
カレーリーフ（フレッシュ）…15枚
【仕上げのスパイス】
パクチー（ざく切り）…2枚

トゥールダル…180g
ココナッツミルク…1缶（400ml）
水…150ml
ジャガイモ（ひと口大に切る）
…中2個
カブ（ひと口大に切る）…中1個
玉ねぎ（ひと口大に切る）…小1個
グリーンチリ（みじん切り）…3本
タマリンドペースト…大さじ2
ナス（ひと口大に切る）…2本
トマト（ダイス切り）…中1個
塩…小さじ1

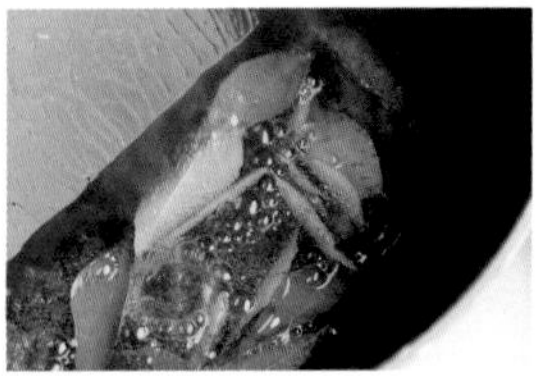

ホールスパイスを調理中に加える場合は、油に香りを移す「テンパリング」が欠かせません。

作り方

❶トゥールダルをひたひたの水（分量外）に4時間以上浸しておく。
❷❶の水をきり、豆の倍量の水（分量外）とともに鍋に入れて火にかける。煮立ったら**【下準備スパイス】**のターメリックを加え、焦げ付かないように混ぜつづけ、水（分量外）を適宜足しながら煮崩していく。水分が飛んでペースト状になるまで続ける。
❸別の鍋にココナッツミルク、水、ジャガイモ、カブ、玉ねぎ、グリーンチリと**【パウダースパイス】**、タマリンドペーストを入れて火にかける。煮立ったらナス、トマト、塩を加え、ふたをして弱火で10分ほど煮る。
❹野菜に火が通ったら、❷を加えてよく混ぜ合わせながらひと煮立ちさせる。
❺別の小さいフライパンにココナッツオイルを熱し、**【テンパリングスパイス】**のブラウンマスタードを加え、パチパチと弾けてきたらふたをする。パチパチ音が収まったらレッドチリとカレーリーフを加える（写真）。カレーリーフの香りが立ったら、❹の鍋に加える。
❻全体をなじませたら、**【仕上げのスパイス】**のパクチーを加えて1分ほど煮る。最後に塩（分量外）で味を調える。

ラッサム

HOW HOT?

サンバル同様に南インドの食卓によく並ぶスープは、酸味と辛味が特徴です。

材　料　5〜6人分

【パウダースパイス】
レッドチリパウダー…小さじ½
ターメリック…小さじ½
ブラックペッパー…小さじ½
【テンパリングスパイス】
ブラウンマスタード…小さじ1
フェヌグリーク…小さじ½
レッドチリ（ホール）…1本
カレーリーフ（フレッシュ）…15枚
【仕上げのスパイス】
パクチー（みじん切り）…2枚

トゥールダル…100g
ゴマ油A…大さじ1
グリーンチリ（輪切り）…5本
ニンニク（スライス）…3片
トマト（ざく切り）…2個
タマリンドペースト…大さじ3
水…800ml
塩…小さじ1
ゴマ油B…大さじ3

ペースト完成の目安は、ポテトサラダのようなぽってりとした粘度。これが、味の深みをもたらします。

作り方

❶トゥールダルをひたひたの水（分量外）に4時間以上浸しておく。
❷❶の水をきり、鍋に豆の倍量の水（分量外）とともに入れ火にかける。煮立ったら焦げ付かないように混ぜつづけ、水を足しながら煮崩していく。水分が飛んでペースト状になるまで続ける。
❸別の鍋にゴマ油Aを中火で熱し、グリーンチリとニンニクを炒める。ニンニクがこんがりと焼けてきたらトマトを加え、つぶしながらペースト状になるまで炒める。
❹❸に**【パウダースパイス】**とタマリンドペースト、塩、水を加え、煮立ったらふたをして弱火で10〜15分煮る。
❺❷のトゥールダルペーストを混ぜ入れる（写真）。
❻別のフライパンにゴマ油Bを熱し、**【テンパリングスパイス】**のブラウンマスタードを加え、パチパチと弾けたらふたをする。音が収まったらフェヌグリークとレッドチリ（ホール）を加え、こんがりと焼けたらカレーリーフを加える。
❼カレーリーフの香りが立ったら、❺の鍋に加えて軽く混ぜ合わせる。煮立ったら**【仕上げのスパイス】**のパクチーを加えて混ぜ合わせ、塩（分量外）で味を調える。

ケララシュリンプカレー

HOW HOT?

海の幸に恵まれた南インド・ケララ州で愛されているエビのカレー。カレーリーフの爽やかな香りがポイント。

材　料　4人分

【始めのスパイス（ホール）】
ブラウンマスタード…小さじ1
レッドチリ…1本
カレーリーフA…15枚
【2度目のスパイス（パウダー）】
コリアンダー…大さじ1
ターメリック…小さじ1
レッドチリパウダー…小さじ½
【仕上げのスパイス】
カレーリーフB…10枚

エビ…12尾
玉ねぎ（スライス ※作り方❶参照）…1個
タマリンドペースト…大さじ2
水A…100ml
ココナッツオイル…大さじ3
ココナッツファイン…大さじ3
ニンニク（すりおろし）…1片
ショウガ（すりおろし）…1片
水B…50ml
塩…小さじ1
ココナッツミルク…1缶（400ml）

使う油の量を多くしたくないときはテンパリングせず、仕上げにカレーリーフをそのまま入れる方法もアリ。

作り方

❶エビは殻をむき背わたを取る。玉ねぎはまず繊維に対し垂直方向で半分に切り、手で支えながら今度は繊維に沿う方向でスライスすると、早く炒め上がる。タマリンドペーストは水Aと混ぜてタマリンドジュースにしておく。
❷鍋にココナッツオイルを中強火で熱し、【始めのスパイス】のブラウンマスタードを加える（熱で弾けるのでふたをする）。パチパチ音が静まったらレッドチリ（ホール）を加え、焼き目がついたらカレーリーフAを加える。
❸ココナッツファインを加えて炒め、全体が茶色になったら中火にして玉ねぎを加える。
❹玉ねぎがやや透明になり、レードルですっと切れるぐらいのやわらかさになったら、ニンニク、ショウガを加え3分ほど中火で炒める。
❺【2度目のスパイス】、塩、水Bを加え、2分ほど炒める。
❻ココナッツミルクを3回に分け、かき混ぜながら加える。❶のタマリンドジュースを加えて煮立たせ、中弱火で3分ほど煮込む。ソース状になったら❶のエビと【仕上げのスパイス】を加えて5分ほど煮込み（写真）、塩（分量外）で味を調える。

インゲンのトーレン

HOW HOT?

ココナッツをオイル、ファイン、ビネガーと“3段活用”で使う、蒸し炒め（トーレン）です。

材　料　4～5人分

【始めのスパイス（ホール）】
ブラウンマスタード…小さじ½
カレーリーフ…15枚
【2度目のスパイス（パウダー）】
ココナッツファイン…大さじ3
ターメリック…小さじ½
レッドチリパウダー…小さじ⅔

ココナッツオイル…大さじ4
玉ねぎ（みじん切り）…小1個
ショウガ（みじん切り）…1片
塩…小さじ½
インゲン（1cm幅に切る）…250g
ココナッツビネガー…大さじ1
※入手できなければ、レモン半個分のしぼり汁で代用可。

仕上げに酸味を加えることで全体の味を引き締め、まとめます。

作り方

❶フライパンにココナッツオイルを熱し、【始めのスパイス】のブラウンマスタードを加える。パチパチと弾けたらふたをし、音が収まったらカレーリーフを加える。カレーリーフの香りが立ったら、玉ねぎとショウガを加えて炒める。
❷玉ねぎがうっすら色づいたら、塩、【2度目のスパイス】を加える。ココナッツファインが黄金色になり油が浮いてきたら、インゲンを加えて炒める。
❸インゲンの表面が焼けたら弱火にして塩（分量外）で味を調え、ふたをしてインゲンに火が通るまで蒸し炒めにする。
❹ココナッツビネガーを全体に振りかける（写真）。

ノグチ家の定番メニュー

南インド

鮮烈な辛味を楽しむ ノンベジメニュー

暑い南インドの肉料理は、インドのなかでも
ひときわシャープなスパイスの辛さや酸味が特徴。
食べるほどに食欲がわき上がってきます。

マトンウップマサラ
（マトンフライ）

チェティナード チキン

チェティナード チキン

HOW HOT?

〝スパイスファイヤーボール〞と呼びたい、強烈にスパイシーな「ウェットペースト」を使った料理。

材 料 4～5人分

【ウェットペースト材料A】
フェンネルシード…小さじ1
クミンシード…小さじ1
コリアンダーシード…小さじ1
ブラックペッパー…小さじ2
グンドゥチリ（ヘタは外す）…5個
（※レッドチリホール3本＋パプリカパウダー小さじ1で代用可。その場合、パプリカのみ【ウェットペースト材料B】に加える）
【ウェットペースト材料B】
ターメリック…小さじ½
ニンニク…1片
ショウガ…1片
【始めのスパイス（ホール）】
シナモンスティック1本
…（2cm大に割る）
グリーンカルダモン…2個
サンフラワーオイル…80ml
玉ねぎ（みじん切り）…1個
トマトピューレ…100g
塩…小さじ1
鶏もも肉（ぶつ切り）
…600g（※手羽などでも可）
水…300ml

こうしたペースト状のウェットマサラもまた、ガラムマサラのひとつといえます。

作り方

❶【ウェットペースト材料A】を弱火で少し色が変わるまで乾煎りし、すり鉢（写真左）かミル、ミキサーなどで細かくすりつぶす。水（分量外）を少しずつ加えながら【ウェットペースト材料B】も加え、すりつぶしながら全体を混ぜ合わせてウェットペーストを作る（写真右）。
❷鍋にサンフラワーオイルを強火で熱し、うっすらと煙が出たら【始めのスパイス】を加える。カルダモンがぷくっと膨らんだら玉ねぎを加え、黄金色になるまで中火で5分ほど炒める。トマトピューレを加えて全体をなじませる。
❸❶のウェットペーストを加えて、焦げ付かないよう混ぜつづけながら10分ほど炒める。全体的に色が濃くなり、オイルが分離したら塩を加え、ひと混ぜしてから鶏もも肉を加える。
❹鶏もも肉にまとわせるようにしながら1～2分炒めたら水を加え、強火で3分ほど煮立たせつづける。
❺ふたをして弱火で15～20分ほど、ソースがねっとりして鶏もも肉にコーティングされた状態になるまで煮込む。

マトンウップマサラ（マトンフライ）

HOW HOT?

マトンの風味をスパイスで生かした料理。シンプルなスパイス構成だが香りは豊か。

材 料 4～5人分

【始めのスパイス（ホール）】
グンドゥチリ（ヘタは外す）…5個
（※レッドチリホール3本＋パプリカパウダー小さじ1で代用可。その場合、パプリカのみ【2度目のスパイス】に加える）
シナモンスティック…1本
【2度目のスパイス（パウダー）】
ターメリック…小さじ½
【仕上げのスパイス】
カレーリーフ…15枚
菜種油…50ml
ニンニク（1片を3つに刻む）…6片
島らっきょう（皮をむく）
…20個（※同量のエシャロットで代用可）
玉ねぎ（みじん切り）…小1個
トマト（みじん切り）…小2個
塩…小さじ1
マトン（2cm角に切る）…500g
水…200ml

島らっきょうと玉ねぎ、ねぎ系のダブル使いがポイント。

作り方

❶フライパンに菜種油を中強火で熱し、うっすらと煙が出たら【始めのスパイス】のグンドゥチリを加え、香りが立ったらふたつ折りにしたシナモンスティックとニンニクを加える。
❷よく炒め合わせニンニクに焦げ目がついたら、島らっきょう、玉ねぎ、【2度目のスパイス】のターメリックを加えて全体がなじむまでよく炒め（写真）、トマトを加える。
❸トマトの形がなくなってきたら塩とマトンを加え、5分ほど炒めてマトンに焼き目をつける。
❹水を加えて煮立たせたら弱火にして、ふたをして30分ほど煮る。肉の中心まで火が通ったらOK。まだ火が通っていなければ、水少々（分量外）を加えてさらに煮る。
❺全体的に水分が抜けてトロトロになったら、【仕上げのスパイス】のカレーリーフを加えて2分ほど煮る（マトンがこげ茶色になったら完成）。

チキン65

HOW HOT?

甘辛味の激ウマ唐揚げ。名前の由来は「65種の食材を使うから」など、諸説あります。

材 料 4人分

【マリネ素材】
ニンニク（すりおろし）…1片
ショウガ（すりおろし）…1片
ライムジュース…小さじ2
ターメリック…小さじ½
カシミリチリ…小さじ1（※パプリカパウダー小さじ1で代用可）
塩…小さじ1
ヨーグルト…⅓カップ

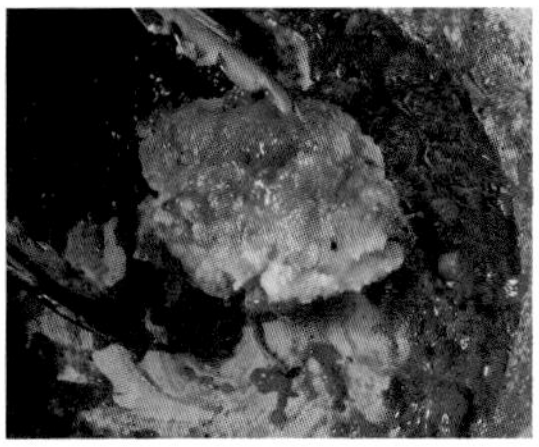

甘辛ソースをしっかりとからめれば、ビールが進むウマさです！

【ソース素材】
菜種油…大さじ3
クミンシード…小さじ½
赤玉ねぎ（みじん切り）…小1個
グリーンチリ（みじん切り）…2本
レッドチリパウダー…小さじ1
ブラックペッパーパウダー…小さじ1
パクチー（みじん切り）…1枝
塩…小さじ½
黒糖…小さじ1
トマトペースト…36g
水…100ml

鶏もも肉（ひと口サイズに切る）…500g
片栗粉…適量
サラダ油…適量（※揚げ油用）

作り方

❶ボウルで【マリネ素材】を混ぜ合わせて鶏もも肉を加え、2時間〜ひと晩ほど冷蔵庫で漬け込む。
❷フライパンに菜種油を熱し、クミンシードを加える。プチプチと弾ける音が終わったら、赤玉ねぎ、グリーンチリを加える。赤玉ねぎがきつね色になったらレッドチリパウダー、ブラックペッパーパウダー、パクチー、塩、黒糖を加えて2分ほど弱火で炒め合わせる。油が浮いてきてパチパチと音を立てはじめたらトマトペーストと水を加えて炒め合わせ、塩（分量外）で味を調える。
❸❶の鶏もも肉に片栗粉をまぶし、180℃の油で揚げる。
❹❷を弱火で再加熱したあと、❸を入れて唐揚げ全体にソースをからめる（写真）。

サフランライス

HOW HOT?

インドの高級長粒米・バスマティライスに、黄金色の輝きと香りを！

材 料 4〜5人分

バスマティライス…300g
水…350ml
サフラン…小さじ1
塩…小さじ1
バター…大さじ3

作り方

❶バスマティライスは2〜3度水を替えながら洗い、水に浸して1時間ほど置く。
❷❶の水をきり、鍋に分量の水とともに入れる。カップにサフランとお湯大さじ3（分量外）を入れ、サフランの色と香りを出す。
❸❷の鍋に❷のサフランとお湯、塩、バターを加えて、ふたをして強火で煮る（写真）。グツグツして鍋から湯気が出てきたら、弱火にして7分ほど煮込む。
❹火を止め、ふたをしたまま10分ほど蒸らす。

サフランの色がついたお湯と一緒に、サフランも鍋に加えます。

ラムビリヤニ

マスタード
フィッシュカレー

ノグチ家の定番メニュー

東インド

ひと味違う
魚カレーが名物の東インド

ガンジス川をはじめ大きな河川があることから
魚料理が発達しているのが東インド。
マスタードを多用するのも大きな特徴です。

銀鮭と
ポピーシードのカレー

スープラムキーマカレー

マスタードフィッシュカレー

HOW HOT?

魚介とマスタードを多用する、東インドはベンガル地方の定番カレー。魚はお好きなものでもOK。

材　料　4人分

【下準備のスパイス】
ターメリック…適量
【始めのスパイス（ホール）】
ブラウンマスタード…小さじ1
【2度目のスパイス（パウダー）】
コリアンダー…小さじ2
ターメリック…小さじ1
レッドチリパウダー…小さじ½

アイナメ（切り身）…3枚
マスタードオイル…大さじ4
粒マスタード…50g（※瓶詰めなど酸味のある調味済みのもの）
ニンニク（みじん切り）…1片
ショウガ（みじん切り）…1片
玉ねぎ…1個
塩…小さじ1
湯…300ml
レモン汁…大さじ1

マスタードオイルにブラウンマスタードの香りをつけて、さらに粒マスタードの味を重ねると、よりマスタード感が強く、印象的になります。

作り方

❶アイナメは切り身を各3等分に切り、**【下準備のスパイス】**のターメリックをすり込んでおく。玉ねぎは繊維に垂直方向に2等分したあと、繊維方向に沿ってスライスする。
❷鍋にマスタードオイルを中強火で熱し、**【始めのスパイス】**のブラウンマスタードを炒める。パチパチと音がしてマスタードが弾けるので、必ずふたをかざす。
❸音が落ち着いたら粒マスタードを加え、混ぜ合わせてからニンニクとショウガを加える（写真）。
❹香りが立ったら、玉ねぎを加えてきつね色になるまで10分ほど炒める。焦げそうになったら、水（大さじ2／分量外）を加える。
❺**【2度目のスパイス】**、塩を加えて2分ほど炒めたら、湯を加えて強火にする。煮立ったら弱火にしてアイナメを加え、ふたをして8分ほど煮る。
❻レモン汁を加えて1分ほど炒めたら、塩（分量外）で味を調え、ショウガのみじん切り（分量外）をちらす。

銀鮭とポピーシードのカレー

HOW HOT?

ナッツのような香ばしさと、プチプチした食感のポピーシード。その風味を生かした品のあるカレーです。

材　料　4人分

【下準備のスパイス】
ターメリック…小さじ1
【始めのスパイス（ホール）】
レッドチリ…4本
カレーリーフ…10枚
【2度目のスパイス（ペースト用）】
ポピーシード…大さじ2
コリアンダーシード…小さじ1
クミンシード…小さじ1

【仕上げのスパイス】
パクチー（ざく切り。根の部分は除く）…2枚
銀鮭（切り身）…3枚
マスタードオイル…大さじ5
グリーンチリ（種を除いてざく切り）…3本
水…100ml
砂糖…小さじ1
塩…小さじ1
トマト（ダイス切り）…½個

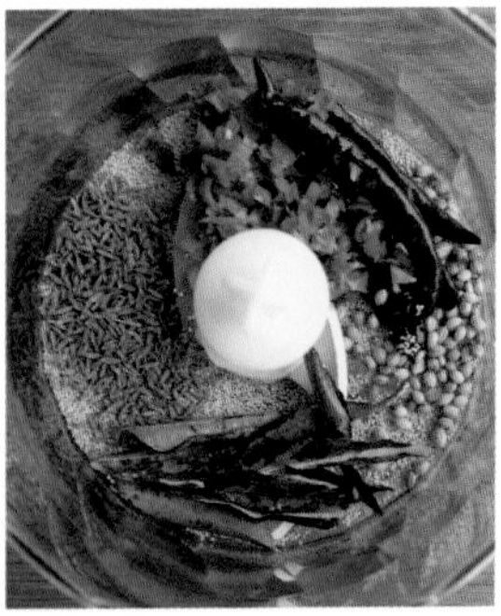

【始めのスパイス】と**【2度目のスパイス】**の香りが溶け合ったペーストを作ります。

作り方

❶銀鮭の切り身をひと口サイズに切り、**【下準備のスパイス】**のターメリックと塩（適量／分量外）を両面に振っておく。
❷フライパンにマスタードオイルを中火で熱し、**【始めのスパイス】**のレッドチリを加え、色が変わったら引き上げる。次にカレーリーフを加え、一瞬で引き上げる。フライパンには香りの移った油のみを残しておく。
❸フードプロセッサーに**【2度目のスパイス】**と、❷で引き上げたレッドチリとカレーリーフ、グリーンチリ、水少々（分量外）を加えて攪拌する（写真）。
❹❷の油を中強火で温め直し、❸のペーストと水100mlを加えて混ぜ、煮立たせる。さらに砂糖と塩を加えて混ぜたら、❶を加えて弱火で8分ほど煮る。
❺トマトを加えて2分ほど煮る。さらに**【仕上げのスパイス】**のパクチーを加えて1分ほど煮る。

スープラムキーマカレー

HOW HOT?

東インド独特のミックススパイス「パンチフォロン」を使った、サラサラでコクのある味。

材　料　4人分

【始めのスパイス（ホール）】
ブラウンマスタード…小さじ½
クミンシード…小さじ½
フェンネル…小さじ½
ニゲラ（ブラッククミン）
…小さじ¼
フェヌグリーク…小さじ¼
※上記5種類のミックスが「パンチフォロン」（※P.69参照）
【2度目のスパイス（パウダー）】
コリアンダー…大さじ1
ターメリック…小さじ½
レッドチリ…小さじ½
【仕上げのスパイス】
パクチー…2枚

マスタードオイル…大さじ3
玉ねぎ（スライス）…1個
ニンニク（すりおろし）…1片
ショウガ（すりおろし）…1片
グリーンチリ（小口切り）…4本
水A…50ml
塩…小さじ1
ラムひき肉…400g
プレーンヨーグルト…400g
水B…100ml
トマト（ざく切り）…2個

この「パンチフォロン」が、他の地域とは異なる東インド独特の香りを生み出します。

作り方

❶鍋にマスタードオイルを中強火で熱し、**【始めのスパイス】**を加える。フェヌグリークが茶色になり、ブラウンマスタードのパチパチ弾ける音がやんだら玉ねぎを加える（写真）。
❷玉ねぎがきつね色になったら、ニンニク、ショウガ、グリーンチリと水Aを加える。ニンニクの香りが立ったら弱火にし、**【2度目のスパイス】**と塩を加えて炒める。
❸焦がさないようによくかき混ぜながら3分ほど炒めたら、中火にしてひき肉を加え、表面が色づくまで炒める。
❹プレーンヨーグルトと水Bを加えて、よく混ぜながら炒める。全体がなじんだら、ふたをして弱火で20分ほど煮込む。
❺ふたを開けてトマトと**【仕上げのスパイス】**のパクチーを加え、2分ほど炒め合わせたら、塩（分量外）で味を調える。

ラムビリヤニ

HOW HOT?

「ビリヤニ」は、いわばインドの炊き込みごはん。ラムの味がしみ込んだ、絶品の味です。

材　料　6人分

【ビリヤニ用スパイス】
ナツメグパウダー…小さじ½
レッドチリパウダー…小さじ1
シナモンスティック…1本
グリーンカルダモン…5個

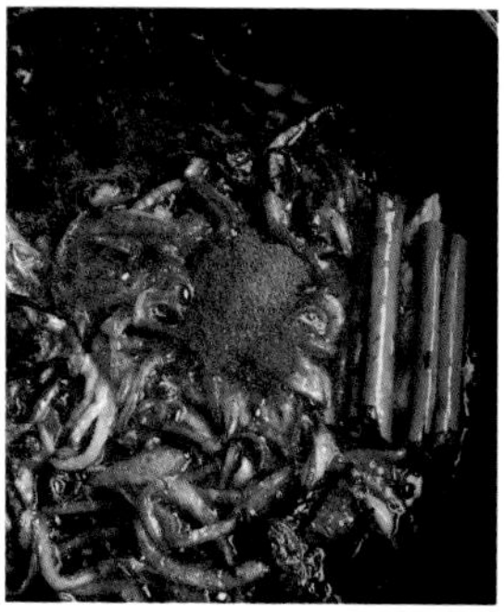

バスマティライス…3カップ
菜種油…50ml
玉ねぎ（スライス）…小1個
ショウガ（すりおろし）…1片
ヨーグルト…400g
塩…適量
ラム肉（ひと口サイズに切る）…500g（※肩ロースまたはヒレ）
ジャガイモ（ひと口サイズに切る）…2個
水…200ml
サフラン…小さじ⅓
ローズウォーター…小さじ1

パウダースパイスを使う際は、焦げ付きを防ぐため、必ず具材の上に加えます。

作り方

❶バスマティライスを洗い、1時間ほど浸しておく。
❷鍋に菜種油を中火で熱し、玉ねぎを揚げ炒める。玉ねぎがきつね色になったらショウガを加えて1分ほど炒め、具材にまぶすように**【ビリヤニ用スパイス】**を加える（写真）。
❸全体がなじんできたら、ヨーグルトと塩少々を加えて3分ほど中弱火で煮る。ラム肉を加え、ふたをして30分ほど煮る。
❹木べらでかき回し、ジャガイモを加えて15分ほど煮たら火を止める。
❺別の鍋にバスマティライスを入れ、水を加える。その上にサフランと❹を加え、さらにローズウォーターをふりかける。
❻ふたをして強火にかけ、グツグツと煮えて湯気が出てきたら弱火にして10分ほど煮る。火を止めたら、ふたをしたまま10分ほど蒸らす。

ポークビンダルー

ノグチ家の定番メニュー

西インド

ゴアの名物カレーを中心とした西の味

旧ポルトガルの植民地だったゴアでは、
インドでは珍しい豚肉を使った料理や、
酢とレッドチリを組み合わせた料理が味わえます。

ホヤの
ココナッツ酢あえ

オクラポテトフライ

チキンシャクティ

ポークビンダルー

HOW HOT?

インド西海岸・ゴアに伝わる辛味と酸味が効いたカレー。「ゴアの宝」ともいわれる味をぜひ。

材　料　4～5人分

【始めのスパイス（ホール）】
シナモンスティック…1本
ローリエ…1枚
レッドチリ…1本
【2度目のスパイス（パウダー）】
コリアンダー…大さじ1
クミン…小さじ2
ターメリック…小さじ1
レッドチリパウダー…小さじ½
カシミリチリパウダー…小さじ1（※パプリカパウダー小さじ1で代用可）
【仕上げのスパイス】
ペパーミント…適量
【マリネの材料】
ニンニク（すりおろし）…2片
ショウガ（すりおろし）…2片
ペパーミント（みじん切り）…1カップ
バルサミコ酢…大さじ4
ココナッツクリーム…大さじ4
ブラックペッパー…少々（ペッパーミルで10回転分ほど）
コリアンダーパウダー…小さじ2
レッドチリパウダー…小さじ1
ガラムマサラ…小さじ1

豚肩ロース（ひと口大に切る）…500g
エキストラバージンオリーブオイル…大さじ4
玉ねぎ（みじん切り）…2個
トマト（ざく切り）…2個
塩…小さじ1
お湯…300ml
黒糖…小さじ2

作り方

❶**【マリネの材料】**をすべてよく混ぜ合わせ（写真）、豚肩ロースをひと晩漬け込む。
❷鍋にオリーブオイルを中火で熱し、**【始めのスパイス】**を炒める。レッドチリに焼き色がついたら玉ねぎを加え、中強火で炒める。玉ねぎが焦げそうになったら、水（大さじ2／分量外）を加える。
❸玉ねぎがきつね色になったらトマトを加え、全体がペースト状になるまで炒める。弱火にして**【2度目のスパイス】**と塩を加え、中火で2分ほど炒める。
❹❸に❶を加え、肉の表面に焼き目がついたらお湯を加える。
❺煮立ったら弱火にし、ふたをして45分ほど煮込む。
❻ふたを取り黒糖を加えて混ぜ、2分ほど煮る。肉に火が通っているかを確認し、塩（分量外）で味を調える。トッピングに**【仕上げのスパイス】**のペパーミントを散らす。

豚肩ロースによく味をしみ込ませることがポイントです！

ホヤのココナッツ酢あえ

HOW HOT?

ホヤはインドでは使われない食材ですが、さっぱりとしたココナッツビネガーであえて西インド風にしてみました。

材　料　3～4人分

【マリネ用スパイス】
レモンマートル…小さじ1
ペッパーベリー…小さじ½
パクチー（みじん切り）…2枚
ホヤ（さばいてひと口サイズに切る）…3つ
ココナッツビネガー…大さじ4

レモンマートルはレモンのような清涼感ある香りの、フトモモ科の植物の葉。ペッパーベリーはウルシ科コショウボクの実で、酸味があります。

作り方

❶ボウルにすべての材料を入れて、よく混ぜ合わせる（写真）。
❷ラップをかけ冷蔵庫で3時間以上置く（途中で混ぜるとベター）。

左よりレモンマートル、ペッパーベリー。オーストラリア・アボリジニが使用し、いまではオーストラリアで一般的に使用されているスパイスです。

オクラポテトフライ

HOW HOT?

揚げることでコクが生まれるオクラとジャガイモに、スパイスを合わせてナイスなおつまみに。

材 料 4人分

【始めのスパイス】
クミンシード…小さじ½
ヒング…ひとつまみ
ターメリック…小さじ½
【2度目のスパイス（パウダー）】
コリアンダー…小さじ1
クミン…小さじ1
レッドチリ…小さじ1

サラダ油（揚げ用）…適量
オクラ（ヘタは落とす）…8本
ジャガイモ（ひと口サイズに切る）…2個
菜種油（炒め用）…大さじ1
ニンニク（粗みじん切り）…1片
塩…小さじ½

オクラは揚げることで味にコクがでます。油はねにはご注意を！

作り方

❶フライパンにサラダ油（揚げ用）を中火で熱し、**オクラを入れ2分ほど揚げる。ジャガイモも黄金色になるまで揚げる（写真）**。
❷別のフライパンに菜種油（炒め用）を中火で熱し、**【始めのスパイス】**を加えて油に香りをつけます。
❸❷にニンニクを加え炒める。ニンニクの香りが立ったら、❶と塩、**【2度目のスパイス】**を加えて炒める。全体がなじんだら、弱火にしてさらに3分炒める。

チキンシャクティ

HOW HOT?

ゴアの名物料理として知られるシャクティは、レッドチリと香りスパイスの組み合わせで作ります。

材 料 4～5人分

【ペースト用スパイス】
レッドチリ…4本
フェヌグリークシード…小さじ1
ブラックペッパー…10粒
クミンシード…小さじ1
ポピーシード…大さじ1
コリアンダーパウダー…大さじ1
ターメリック…小さじ½
ガラムマサラ…小さじ⅓

ココナッツクリーム…200ml
ギー（またはバター）…大さじ4
玉ねぎ（スライス）…小1個
ニンニク（すりおろし）…2片
ショウガ（すりおろし）…1片
鶏肉（ひと口大に切る）…500g
水…150ml
レモン汁…1個分
塩…適量

乾煎りをするときは、焦げないよう必ずフライパンを揺すりつづけましょう。

作り方

❶レッドチリを少量のお湯（分量外）につけてふやかし、辛味を引き出したあと、フライパンでフェヌグリーク、ブラックペッパーとともに、焦げないように揺すりながら乾煎りする（写真）。フェヌグリークが薄く茶色になりかけたら一度火を止める。
❷残りの**【ペースト用スパイス】**を加えて再び火にかけ、全体が茶色に色づくまで45秒～1分ほど乾煎りする。乾煎りが終わったら、すぐにスパイスをフライパンから別の皿に移し、粗熱をとる。
❸フードプロセッサーにココナッツクリームを入れ、❷を加えて攪拌する。水分が足りずペースト状にならない場合は、適宜少量の水（分量外）を足す。
❹フライパンにギーを中火で熱し、玉ねぎをきつね色になるまで炒める。ニンニクとショウガを加えて炒め、❸のペーストを加えて油が浮いてくるまで混ぜながら炒める。
❺鶏肉を加え、よく絡ませながら3分ほど炒めたら水を加えて煮立たせ、ふたをして弱火で25分ほど煮込む。鶏肉に火が通ったらレモン汁を加えて混ぜ、塩で味を調える。

ズッキーニと
アボカドとわさび菜の
サラダ
ダルなめこカレー

ノグチ家の定番メニュー

インド全域

肉を使わない
ヘルシーインディアプレート

なめこ、わさび菜、ブルガーウィートなど、
インドではちょっとレアな食材を使った
シャンカール印のオリジナルなベジ料理プレートです。

オクラとジャガイモと
ミニトマトの
スパイシークスクス

ダルなめこカレー

HOW HOT?

ダル（豆）のおかげで肉がなくとも満足感いっぱい。なめこのとろみが、おもしろい食感を生みます。

材　料　4人分

【始めのスパイス（ホール）】
クミンシード…小さじ1
【2度目のスパイス（パウダー）】
コリアンダー…大さじ2
ターメリック…小さじ1
レッドチリパウダー…小さじ½
【トッピング】
アーモンド（スライス）…適量

チャナダル…2カップ
水…800ml
なめこ…2カップ
菜種油…大さじ3
玉ねぎ（みじん切り）…1個
ニンニク（すりおろし）…1片
ショウガ（すりおろし）…1片
トマト（1cm角ダイス切り）…小1個
塩…小さじ1

煮たチャナダルになめこを投入！ インド料理レストランでもあまり見かけない組み合わせです。

作り方

❶チャナダルは流水で洗い、水（分量外）に4時間以上浸したあと、ザルに上げて水をきる。鍋に水とチャナダルを入れ、かき混ぜながら煮る。途中、水分が足りないようであれば適宜水を足してかまわない。なめこは、石づきがあれば切り落としておく。

❷別の鍋に菜種油を中強火で熱し、**【始めのスパイス】**と玉ねぎを加えて5分ほど炒める。玉ねぎに焼き目がついてきたらニンニクとショウガを加え、ニンニクの香りが立ったらトマトを加える。

❸トマトが煮崩れてきたら弱火にし、**【2度目のスパイス】**と塩を加えて3分ほど炒める。

❹❶の鍋に❸となめこを加え（写真）、5分ほど煮てチャナダルがやわらかくなったら火を消し、**【トッピング】**のアーモンドスライスをちらす。

HOW HOT?

オクラとジャガイモとミニトマトのスパイシークスクス

小麦粉から作るクスクスを、炊いたブルガーウィート（ブルガー小麦）に替え、プチプチ食感の炒めごはん風に。

材　料　4人分

【始めのスパイス（ホール）】
クミンシード…小さじ1
【2度目のスパイス（パウダー）】
クミン…小さじ2
コリアンダー…大さじ1
ターメリック…小さじ1
カシミリチリ…小さじ1（なければパプリカパウダー小さじ1）

ブルガーウィート…1と½カップ
水…400ml
オリーブオイル…大さじ3
玉ねぎ（みじん切り）…1個
ニンニク（みじん切り）…1片
オクラ（ヘタをとり3等分に）…10本
ジャガイモ（2等分してからスライス）…3個
ミニトマト…20個
塩…適量

ブルガーウィートはジャガイモを炒めはじめたあとに加えます。

作り方

❶ブルガーウィートを水（分量外）に30分間浸水させ、水をきっておく。

❷鍋にブルガーウィートと水を入れ、ふたをして強火で炊く。グツグツと鍋から蒸気が出てきたら弱火にして、さらに7分ほど加熱して火を止める。ふたはしたままで蒸らす。

❸フライパンにオリーブオイルを熱し、**【始めのスパイス】**のクミンシードを加えてプチプチ弾ける音が収まったら、玉ねぎとニンニクを加える。玉ねぎがきつね色になったら**【2度目のスパイス】**を加え、弱火で3分ほど炒める。

❹オクラとジャガイモを加え、3分ほど中火で炒めたら❷をほぐしながら加え、さらに3分ほど一緒に炒め合わせる（写真）。

❺ジャガイモに火が通ったら、ミニトマトを加えて形を残すように炒め合わせ、塩で味を調える。

ズッキーニとアボカドとわさび菜のサラダ

HOW HOT?

ぴりっとした辛味のわさび菜に、フェンネル茎を使ったドレッシングを合わせて。

材　料　4人分

【始めのスパイス（ホール）】
ブラウンマスタード…小さじ1

フェンネル茎の甘い香りにレモン＋ヨーグルトの酸味を加えて、ドレッシングに。

マスタードオイル…大さじ2
塩A…小さじ1
ニンジン（薄い輪切り）…1本
ズッキーニ（輪切り）…1本
わさび菜（食べやすいサイズに刻む）…6枚ほど
アボカド（種を除いて半月切り）…2個

【ドレッシング】
フェンネル茎（ざく切り）…1個（約150g）
レモン（汁）…1個分
ヨーグルト（よくかき混ぜる）…½カップ
塩B…小さじ½

作り方

❶フライパンにマスタードオイルを熱し、**【始めのスパイス】**ブラウンマスタードと塩Aを加える。ブラウンマスタードが弾けて飛び散らないように、ふたをする。
❷パチパチ音が静まったらまずニンジンを加え、1分後にズッキーニを加えて焼き目がついたら皿に引き上げる。
❸フェンネル茎とレモン汁、ヨーグルト、塩Bをフードプロセッサーに入れて攪拌し、ドレッシングを作る（写真）。
❹皿にわさび菜を盛りつけ、❷とアボカドをのせる。❸をかけて完成。

おわりに

インド出張のとき、現地の取引先の工場長宅で、代々続くガラムマサラのノートを見せてもらったことがあります。そのノートにはお父さんの家系とお母さんの家系が使用してきたガラムマサラに使うスパイスの種類と、「お父さんの家系は胃腸が弱い」など、体の弱いところや不調個所なども記されていました。この、カルテのようなノートを元に調合したガラムマサラを日々使っているせいか、工場長はどんなときも元気に仕事をやってくれています。そんな、スパイスによる医食同源のライフスタイルが日本にも広まればいいなと、この本もあとがきに至った現在、改めて思っています。

この本を作るにあたり、制作スタッフチームはミーティングと各章の撮影を兼ねた合宿を河口湖で行いました。スパイスの香りで満たされた合宿所で過ごした時間は1泊2日。食事はすべて、スパイスカレーやスパイスを使ったBBQです。この間、ほどよい緊張感を保ちつつも和気あいあいとした空気を維持できたのは、スパイスを愛するスタッフの情熱と、スパイスの効能があったからでしょう。実際のところ、この合宿は私のスパイス生活のなかでも大きな収穫となりました。そして、この本を読んだことが、みなさんのスパイス生活におけ

る収穫となれるのであれば、著者としてこれ以上、うれしいことはありません。

最後に、お世話になった方々にお礼を言わせてください。合宿所となった河口湖ZINGの場所を提供してくれたSoup Stock Tokyoの遠山正道さんと桑折敦子さん。オーストラリアのスパイスを提供してくれたDAYS FACTORY、急遽必要になったスパイスをケララから買い付けてくれたトディさん。撮影に協力してくれた番長仲間の水野仁輔さんとナイル善己さん。レストラン営業の合い間に素晴らしいテクニックを披露してくれたアショカのシェフたちとB.S.バルマさん、カッチャル バッチャルの田村修司さん。世界中で料理修業を重ね、今回も料理の奥深さを教えてくれた太田哲雄さん。この本を出版するチャンスを与えてくださった親愛なる関係者・スタッフチームのみなさん、誠にありがとうございました。

インドアメリカン貿易商会
スパイスハンター
シャンカール・ノグチ

スパイスさくいん

※赤字は詳しい説明があるページです。

著者：シャンカール・ノグチ

東京生まれ。米国留学後、インド・パンジャブ地方出身の祖父、L.R.ミグラニ氏が開業したインドアメリカン貿易商会の3代目として、インド食品の輸入やオリジナル商品の開発・販売を手がける。また、日印混合料理集団「東京スパイス番長」や「カレー将軍」のメンバーとして、インド料理のレシピ開発に携わる。監修書に『心とカラダにやさしい316種 増補改訂 ハーブ＆スパイス事典』、東京カリ～番長としての共著に『世界一やさしい スパイスカレー教室』、カレー将軍としての共著に『スパイスカレー弁当 汁もの、丼もの、カレーむすびまで 気軽に持ち運びできる本格レシピ44』などがある。現在は、豪州産羊肉の生産者団体MLAにより「Lambassador（ラムバサダー／ラムPR大使）」に任命され、さまざまな角度からオージー・ラムの魅力を発信している。

編集：服部啓一（株式会社KWC）
取材・執筆：宇都宮雅之
デザイン：出渕諭史（cycledesign）
撮影：三木麻奈、蔦野 裕（P.62～65、P.80～81、P.84～87）
　　岡田一也（P.88～89）
調理補助：桑折敦子
校正：鳥光信子

●協力
株式会社サカエヤ　http://omi-gyu.com/
株式会社スープストックトーキョー　http://www.soup-stock-tokyo.com/
株式会社DAYS FACTORY　https://www.daysfactory.co.jp/
西崎弥沙
公益社団法人MORIUMIUS　http://moriumius.jp/

●参考文献

『世界一やさしい スパイスカレー教室』水野仁輔 監修、東京カリ～番長 著（マイナビ出版）
『いちばんやさしい スパイスの教科書』水野仁輔 著（パイ インターナショナル）
『スパイスカレーの教科書』（枻出版社）
『日曜日の遊び方 スパイス名人宣言』朝岡勇・朝岡和子 著、平松洋子 文・構成（雄鶏社）
『心とカラダにやさしい316種 増補改訂 ハーブ＆スパイス事典』伊藤進吾、シャンカール・ノグチ 監修（誠文堂新光社）
『スパイス選びから始める インドカレー名店のこだわりレシピ』シャンカール・ノグチ 著（誠文堂新光社）

本書は2018年10月に刊行された『スパイス生活』（地球丸刊）を一部修正し、改題の上、新装版として刊行したものです。

※本書の内容に関するお問い合わせは、お手紙かメール（jitsuyou@kawade.co.jp）にて承ります。恐縮ですが、お電話でのお問い合わせはご遠慮くださいますようお願いいたします。

スパイスの基本から秘伝のカレーレシピまで
スパイスの世界へようこそ！

2020年4月20日初版印刷
2020年4月30日初版発行

著　者　シャンカール・ノグチ
発行者　小野寺優
発行所　株式会社河出書房新社
　　〒151-0051　東京都渋谷区千駄ヶ谷2-32-2
　　電話　03-3404-1201（営業）
　　　　03-3404-8611（編集）
　　http://www.kawade.co.jp/
印刷・製本　凸版印刷株式会社

Printed in Japan
ISBN978-4-309-28799-7